湖湘美学内涵及其文化基因研究

谭媛元 著

中国纺织出版社有限公司

图书在版编目（CIP）数据

湖湘美学内涵及其文化基因研究／谭嫒元著 .--北京：中国纺织出版社有限公司，2023.4

ISBN 978-7-5229-0516-7

Ⅰ.①湖… Ⅱ.①谭… Ⅲ.①美学思想-研究-湖南 Ⅳ.①B83-092

中国国家版本馆 CIP 数据核字（2023）第 070994 号

责任编辑：张　宏　　责任校对：高　涵　　责任印制：储志伟

中国纺织出版社有限公司出版发行
地址：北京市朝阳区百子湾东里 A407 号楼　邮政编码：100124
销售电话：010—67004422　传真：010—87155801
http://www.c-textilep.com
中国纺织出版社天猫旗舰店
官方微博 http://weibo.com/2119887771
北京虎彩文化传播有限公司印刷　各地新华书店经销
2023 年 4 月第 1 版第 1 次印刷
开本：710×1000　1/16　印张：12.5
字数：208 千字　定价：98.00 元

凡购本书，如有缺页、倒页、脱页，由本社图书营销中心调换

序 / Preface

　　王夫之美学是中国古典美学之重镇，其研究范畴主要基于哲学的大范围内。过去多数学者往往以王夫之的诗论为限概括他的美学思想与美学体系，近年来，虽有极为少数的学者逐渐把研究目光转向与中国画学的联系之中，但也局限在单纯的比较研究，将其放置于文艺美学的广义范畴中进行多维度、多视野的解读，从中国传统画学、古代画论美学或中西美学比较等艺术领域进行研究的成果并不多。

　　王夫之美学蕴含着博大精深的传统文化体系，乃是中国古典美学的集大成者，也是中国美学与世界美学对话的支点之一。王夫之美学的成就源于他深厚的哲学底蕴，既是对以往古典美学的继承，更是他自身哲学思想在审美领域的合理延展与全新升华。不仅运用于诗歌艺术之中，在传统画学领域也有借鉴学习之处，与中国传统绘画理论有异曲同工之处，同时在中西美学领域，王夫之哲学理论的独特视角也与西方哲学达成了某种程度上的呼应，在审美活动、主客体的辩证关系、对艺术的看法等方面，与主体间性美学有着不约而同的理论观点吻合之处。中西文化虽在表现上具有差异性，但在更深层次的本质上是具有一定共识的。如果运用中西美学比较的方法，找出其中的相通性与相异性，或许能为王夫之美学的理解增添新的视角。

　　目前，船山学领域的研究正处于不断扩展，向多学科、多样化研究拓深的阶段，王夫之美学研究成果常在某一范畴或针对某一问题不断推进，但系统全面把握王夫之美学的画学哲理以及将其放置于中西美学双向互审的角度进行研究的成果并不多。我选择这两个角度进行研究，在学界还没有人进行系统的论述过，研究与写作上难度不小。从我攻读博士期间于《船山学刊》发表《王夫之与古代画学之道》一文至今也有八年时间，自初次对此研究点制定研究方案后，多次实地调研，先后前往王夫之故居湘西草堂、船山学社等相关文化机构与博物馆，采访了数位船山学研究专家、纪念馆负责人，力求从时间序列对当前的研究进行合理分析与规划。在此期间，我先后立项了湖南省哲学社会科学基金青年项目《王夫之"神理"论与传统画论美学思想研究》以及湖南省社科评审委员会项目《王船山美学思想与中国传统画论之关系研究》，并针对王夫之美学中的画学哲理、王夫之与主体间性美学之比较这两个方向陆陆续续发表了一系列论文，综合上述文章的主要内容与多年来对王夫之美学的深入探究，终成本书。希望通过本书的研究能够从宏观和微观的角度透视王夫之美学的多元内涵与美学特征，丰富其美学研究的材料，对其画学哲理的内在逻辑与多维视角进行深入论述，从而了解王夫之美学思想价值与应用，为湘学的继承与发展、为建构中国当代美学助力。

谭媛元

2023 年 2 月于长沙

目 录/Contents

绪 论 ·· 1

第一章　王夫之的美学体系 ······································· 17

第一节　王夫之美学的理论渊源 ······································· 18
第二节　"情景"说的辩证关系 ·· 20
第三节　"现量"说的美学内涵 ·· 23
第四节　"象外"说的艺术论点 ·· 27
第五节　"神理"论的美学阐释 ·· 30
第六节　审美意象说与意境论 ·· 38

第二章　王夫之美学中的传统画学哲理 ················· 45

第一节　王夫之美学中的画学内涵 ···································· 46
第二节　画学哲理中的本体论 ·· 52
第三节　画学哲理中的创作论 ·· 73
第四节　画学哲理中的审美论 ·· 112

第三章　王夫之美学与主体间性美学之比较 ········ 123

第一节　主体间性美学理论的文化视域 ·························· 124

第二节　王夫之美学与主体间性美学的关联性 …………… 128
第三节　王夫之美学与西方主体间性美学的双向互审 …… 157

第四章　王夫之美学的文化价值 ………………………………… 163

第一节　王夫之美学的综合创新 ……………………………… 164
第二节　多元文化的良性发展 ………………………………… 172
第三节　湘学的弘扬与应用 …………………………………… 175

结　语 …………………………………………………………………… 179

参考文献 ………………………………………………………………… 181

绪　论

　　王夫之（1619—1692 年），字而农，号姜斋、夕堂，湖广衡州府衡阳县（今湖南衡阳）人。因晚年隐居衡阳石船山麓，著述讲学，故自号"船山老人""船山遗老"，人称"船山先生"，是明清之际的启蒙思想家、史学家、哲学家、教育学家与文学家，他与顾炎武、黄宗羲并称明清之际三大思想家，在中国近代思想文化史上产生了广泛而深远的影响，可以说是中国古代思想之集大成者。正如萧萐父、许苏民曾言：王夫之是"上承上古三代文献、先秦诸子、两汉经学和子学、魏晋玄学、隋唐佛学、直至宋明理学，出入儒释道三教，对中国传统思想作了批判总结；下开戊戌维新和辛亥革命时期中国思想界之新潮"。[1] 1688—1696 年是王夫之人生的最后岁月，也是他对中国美学理论研究方面贡献最大的时期，完成了《南窗漫记》与《夕堂永日绪论》两本诗论美学专著，并在美学领域创造性提出"现量"说，续写了他一生艺术理论实践与美学体系建构的最后篇章。王夫之美学的形成源于他的哲学思想，师承张载与程朱，有儒道释合流之精髓，汲取前人学术成果且自成一派，具有独立精神与独创特性。

　　王夫之学术思想在中国近古的思想史上有着重要地位，目前关于王夫之思想的研究主要集中在哲学、政治学、礼学、史学、文学等方面，众多学者立足中国思想史、文化史展开研究与探索。王夫之美学思想研究自 20 世纪 80—90 年代开始，部分学者逐渐关注其美学思想，主要针对王夫之诗论著作进行诗论美学研究，对于王夫之美学思想在诗学史论中的价值给予肯定，而未能从审美性和其他艺术门类相结合，探索其美学理论意义。例如，从画学角度研究王夫之美学思想，甚少有论著，因而对王夫之美学思想的多方位研究更彰显其价值。

　　此外，王夫之美学思想是中国古代美学思想的集大成者，同时也是中国

---

[1] 萧萐父，许苏民. 王夫之［M］. 西安：陕西师范大学出版总社，2017：119.

美学同世界美学对话的支点之一。王夫之生活的时代是中国资本主义萌芽的初期,中西方的交流沟通和新兴阶级的现实需求促使王夫之的思想与当时世界发展潮流相契合,他的哲学理论的独特视角也与西方哲学达成了某种程度上的共鸣,而王夫之美学思想中气本体论与天人合一的哲学基础,是王夫之美学异于西方主客二元对立美学传统的根本原因,也是其美学彰显中国气派的根源。如王夫之的"现量说",王夫之用"现量"阐述审美直觉与审美关照的关系,从天人合一、主客统一、主体性与诗乐合一等多个层面揭示"现量说"的主要美学内涵,归纳由气到感遇、到现量、再到美的理论逻辑。

本书以王夫之美学体系概述、王夫之美学与传统画论、主体间性美学之关系、王夫之美学的文化价值为研究方向,研究维度从诗论扩展到画论,深化对"诗画本一律"思想的解读,在促进传统文化传承与发展的基础上,更全面地了解中国近古时期美学史的发展高度,为中华文化复兴提供动力,也对古典美学及其传统画学研究提供资料。

一、与本书相关的文献综述

20世纪80年代以前对于王夫之学术思想的研究主要集中在政治、哲学、史学等领域,如哲学史家冯友兰先生对王夫之哲学研究范式的突破,分析王夫之哲学范畴的理气、有无、动静等,涉及本体论、辩证法、历史观等多个方面,并指出船山哲学是最接近辩证唯物主义的体系,其哲学体系是后期道学的高峰。[1] 哲学史家萧萐父先生在历史唯物论的指导下展开对王夫之思想的研究。[2] 80年代至今则多聚集在王夫之诗论美学研究上,认识到王夫之美学中诗学思想的丰富、深刻,学者叶朗认为王夫之诗学是一个博大精深的唯物主义美学体系,也是中国古典美学的一种总结的形态,贺麟、牟宗三、张世英等学者将他与黑格尔相提并论。目前国内对王夫之美学具体内容的研究和探讨主要集中在以下几个方面。

(1) 王夫之著作的搜集与整理研究。王夫之一生著述近一百多种,四百余卷,其学术思想形成了"船山学"。20世纪初,刘人熙对王夫之《古诗评

---

[1] 冯友兰. 王夫之的唯物主义哲学和辩证法思想 [J]. 北京大学学报 (人文科学), 1961 (3): 21-28.
[2] 萧萐父. 船山哲学引论 [M]. 南昌: 江西人民出版社, 1993: 79-82.

选》《唐诗评选》《明诗评选》三种诗论著作进行整理，并编撰《船山古近体诗评选》，于1916年由船山学社出版。1930年，上海太平洋书店根据遗留刻本，重新排印《船山遗书》，补入新发现的手稿6种，共辑王夫之著述70种。1982年岳麓书社精校编印了《船山全书》，共有十六册，一千零三十九万字，收录王夫之著作七十三种，三百七十卷，为王夫之著作出版史上内容最为完整的版本。王夫之美学思想主要集中于《诗广传》《古诗评选》《唐诗评选》《明诗评选》《姜斋诗话》等诗论著作，《楚辞通释》《尚书引义》等著作中也有不少诗论之语。其中《姜斋诗话》包括《诗译》《夕堂永日绪论》内编、《南窗漫记》三部著作，清代道光时期邓显鹤辑录《船山遗书》并编撰著述目录时，将三本著作合称为《姜斋诗话》。熊考核所著《船山学研究基地船山论丛：走近船山》上、中、下篇分别介绍王夫之其人、其学、其魂以及主要学术思想、价值和贡献。

（2）王夫之哲学思想的相关研究。王夫之美学思想蕴涵于他的诗学、文学、史学、儒学等哲学思想理论体系之中，是哲学思想在美学领域的延伸，并以儒学为宗，批判继承道教与佛家美学的合理部分，对于这一部分相关的研究资料是本书的理论思想源泉。对王夫之哲学范式的研究分为三个方向：一是将其称为民族主义者（章太炎）；二是唯物主义思想家（侯外庐、冯友兰）；三是启蒙思想家（萧萐父、许苏民）。例如，冯友兰《王夫之的唯物主义哲学和辩证法思想》《对于王船山哲学的一些看法》分析王夫之哲学范畴的理气、有无、动静等，涉及本体论、辩证法、历史观等多个方面，并指出王夫之哲学是最接近辩证唯物主义的哲学体系，其哲学体系是后期道学的巅峰。于本书而言，王夫之辩证唯物主义思想影响着美学思想中情景关系、主客关系、现量思维等观点的提出。关于王夫之历史哲学与儒学思想的相关研究，主要以现代新儒家学派的研究成果为主，如第一代的熊十力、贺麟、钱穆等，熊十力提出王夫之哲学思想的四大基本观念：尊生、崇实、主动以起颓废、率性以一情欲，均源于《大易》；贺麟推崇王夫之知行观与历史哲学思想，注重其与黑格尔历史哲学的比较，并提出王夫之"合一"论，即发现对立统一、相辅相成的原则。第二代为唐君毅、牟宗三、徐复观等学者，对王夫之历史文化和价值世界观十分重视，重视王夫之在坚持实存道德主体前提下凸显历史社会总体、生活世界价值的思想。例如，唐君毅认为王夫之思想由"天道论""天道性命关系论""人性论""人道论""人文化成论"五个层面构成,并从王夫之的"重气精神之表现主义为己所用"来论述他的文化哲学。学者牟宗三注重从思维方式的角度阐释和借鉴王夫之的历史哲学思想,认为在以道德精神之表现来讲历史文化这一点上,王夫之比黑格尔更纯正。第三代有杜维明、林安梧、方红姣等学者,强调回归实存道德主体和生活世界的人性史哲学,如林安梧的《王船山人性史哲学之研究》全面肯定王夫之"乾坤并建"的哲学建构,高度评价其对具体性、社会性、历史性和物质性的重视,并将其与现代新儒学的未来发展联系起来。❶ 此外还有中国台湾地区的罗光《船山先生学术思想要点》《王船山的历史哲学思想》等,通过对现代新儒家学派研究的整体分析,发现现代新儒家学派越来越重视船山在坚持实存道德主体的前提下凸显历史文化、历史社会总体和生活世界价值的思想,❷ 这正是王夫之思想最有价值、也最具特色之所在,具有借鉴意义。本书也是通过哲学深化到美学思想,再升华论证人的精神思维与审美价值研究。

关于马克思主义的船山学研究,半个多世纪以来,以嵇文甫、侯外庐、张岱年、萧𦲷父、朱伯崑等人为代表,以唯物史观为指导,围绕着理气观、性命论、知行观、历史哲学和易学观进行分析。如萧𦲷父著作《船山哲学引论》《王夫之评传》中提出王夫之"气—诚—实有"的本体论思想,且从人类生活和实践的经验事实、人类实践的能动性等新视角论证了"实有"。侯外庐从思维与存在的关系角度阐释王夫之的"絪缊二气",张岱年从"物质"与"规律"的关系来论述王夫之"天下惟器"的主张。理气观等观点的论述对本研究关于王夫之美学中"天人合一"的思想以及画学"气韵生动"美学范畴有着一定的借鉴意义。

关于伦理学、诠释学方面的研究,如学者王泽应的《论王夫之的理欲观》一文中从伦理学角度探究王夫之理欲合一的辩证性,论证其理欲观的理论贡献在于他对理欲关系的次序、性质和类型作出的全面辩证分析,提出尊重人欲,关注民之共欲以及道德文明建设需弘扬以理导欲、以欲从理的精神。陈来先生的《诠释与重建——王船山的哲学精神》则从诠释学角度对王夫之的思想进行深入辩证。

---

❶ 林安梧. 王船山人性史哲学之研究 [M]. 台北:东大图书股份有限公司,1987:71-79.
❷ 邓辉. 王船山历史哲学研究 [M]. 上海:上海人民出版社,2017:147-158.

关于诗学方面的研究，通过哲学研究深化到王夫之的诗学，再升华论证人的精神思维与审美价值。因而，20世纪20—70年代出现的王夫之诗论美学研究，认识到王夫之诗论美学思想的深刻性。20世纪20—70年代为王夫之诗学理论研究的第一阶段，以陈钟凡、方孝岳、朱东润、郭绍虞、陈友琴等学者为代表，提出了在古代诗学理论纵向发展的角度进行王夫之诗学的奠基性构架探索这一方向，❶如陈友琴《关于王夫之的诗论》、郭鹤鸣《王船山诗论探微》等从纯粹文学的角度来分析王夫之的诗歌创作、诗歌批评等思想，挖掘诗学与哲学及其学术思想的关系等。这一时期主要以诗学研究为主，甚少涉及诗论美学研究。自20世纪80年代起，敏泽的《中国文学理论批评史》、吴文治的《论王夫之的诗歌理论》、魏中林的《二十世纪的王夫之诗学理论研究》等文章，均提出从宏观角度建构王夫之诗学理论体系，将其与老庄哲学思想和文论研究、西方理论作横向比较，提出王夫之诗歌创作论中的情景关系论、现量说和意势关系以及诗歌本质论中的"诗道性情"与诗歌功用论中的"兴观群怨"说，并指出"意"与"象"的对立统一。❷龚显宗《诗话续探》中的《船山论诗》根据《姜斋诗话》分析了王夫之诗论的四个特点："兴观群怨""意为主，势次之""舍死法""斥恶诗"。施荣华《王夫之论诗美的主体创造》从现代创作论的角度对王夫之提出的景中生情，情中含景；一用兴会标举成诗；即景会心，自然恰得等问题，进行了系统有序的研究。曾守仁《王夫之诗学理论重构：思文/幽明/天人之际的儒门诗教观》从儒学角度全面重构了王夫之的诗学理论体系，对兴观群怨、情景交融论、诗乐之理一、意与势等议题的重新讨论。李中华《船山诗论中的艺术原则》总结出王夫之诗论中的艺术原则有：体性源情的教化说、意约辞婉与居约致弘的诗体观、文质并重与情景相融的艺术观、讲究气势神韵的美学尺度等。丁履譔《王船山的诗观》主要从五个方面分析了王夫之的诗学观点：文学与经史训诂之学有异、诗中的情感交融、格律与家法之不可取、诗的时空限制、"恶诗"在所不取。

此外也有对诗论中具体美学范畴的研究，如以研究"势"为主的论

---

❶ 湖南省社会科学院. 王船山学术思想讨论集 [M]. 长沙：湖南人民出版社，1985：54-63.
❷ 萧驰. 抒情传统与中国思想——王夫之诗学发微 [M]. 上海：上海古籍出版社，2003：124-136.

著,张磊《论王夫之诗评中的"势"》、张长青《谈王船山诗论中的势的范畴》、刘硕伟《王夫之诗论中的"势"论》、刘新敖《"气"和"势"的时空化过程:〈姜斋诗话〉论诗的形象构建》、袁愈宗《"势者,意中之神理也"——王夫之"势"论新解》等文献。

由于交叉学科研究的需要,王夫之诗学的综述研究不仅有着借鉴意义,还发现过去学者多以王夫之诗论为限来研究其诗论美学体系,但诗画一律,他所建立的美学体系不仅仅是古代诗学理论的重要组成部分,诗歌艺术与传统绘画艺术有着共同追求的审美旨趣,其诗论思想中的部分艺术观点也与古代画论思想一脉相承、紧密相连。

(3) 王夫之美学的相关研究。王夫之美学是中国古典美学,尤其是传统儒家美学的重镇。20世纪80—90年代,大陆学者对王夫之美学进行总体与系部各有侧重的研究,这些研究成果体现在叶朗、熊考核、吴海庆等学者的专著以及各种美学史撰述之中。虽然当时社会的大多数学者开始将王夫之美学研究放在中国古代美学传统的大背景下考察,但这一时期的研究主要是对王夫之美学思想的梳理、完善和辨别阶段,针对美学体系、美的内涵与本质等文艺哲学问题进行探讨。如学者叶朗认为王夫之诗学是中国古典诗学的总结,张世英将他与黑格尔相提并论。叶朗先生在1980年第6期《学术月刊》上发表论文《王夫之美学二题》,探讨王夫之对于诗歌审美过程中"兴观群怨"和"意与势"的看法,开创了研究王夫之美学的风气之先河。在《中国美学史大纲》一书中,王夫之被盛赞为将中国古典美学的发展推上灿烂高峰的重要人物,其美学理论体系的建构或是核心命题的阐发,都展现出中国美学前所未有的成熟面貌,并提出王夫之美学体系是以诗歌审美意象为中心的唯物主义美学体系。❶ 总的来说,学术界关于王夫之美学的研究分为以下几类。

第一,建构王夫之美学体系,如叶朗《王夫之的美学体系》提出王夫之美学体系是以诗歌审美意象为中心的唯物主义美学体系,认为"情景"说是对意象结构的分析,"现量"说是说明审美观照的性质。程亚林《寓体系之漫话——论王夫之诗学理论体系》从概念、范畴出发,并为它们构建分层次的统一体。萧驰《王夫之的诗歌创作——论中国诗歌艺术传统的美学标本》

---

❶ 叶朗. 中国美学史大纲[M]. 上海:上海人民出版社,1985:15-18.

以王夫之的创作论为中心，以情和景为基础进行美学体系建构，探究王夫之美学与诗学的关联，主张将其诗论美学思想归本儒家的倾向。姚文放《论王夫之的诗歌美学》以"意"这一范畴为核心构建诗歌美学体系。

第二，确定王夫之美学的基本精神和历史地位。大多数学者认为王夫之美学是中国古典美学的集成和总结，代表了中国文化背景下古典美学发展的最高水平，同时也认为王夫之美学是儒家政教中心派与审美中心派汇合的结合体。陈望衡《中国古典美学的总结：王夫之美学思想撅论》提出形神合一、情理合一、意象合一是王夫之"意象"理论的三大支柱，"兴观群怨"乃是王夫之认为的"四情"。钱耕森《王夫之美学思想简论》提出王夫之美学思想的体系结构包括了美的哲学基础、审美心理的机制与诗乐艺术美。

第三，21世纪初，学者们开始关注王夫之美学思想中的具体论点，如情景关系、审美感兴、意境观、现量说等方面。如蒋寅《王夫之对情景关系的意象化诠释》提出情景关系的本质是主体性感受，景语独立的表情功能是意象化的本质。祁志祥《从"现量"美到"情景"论》提出王夫之"情景相生"学说的生成理路，即以"现量"三层含义下，审美认识呈现出当下性、直觉性和特殊性。庞飞《王夫之"兴"的美学意义》提出王夫之"兴"的哲学含义，即触物起情的议题，强调"即景"的优先性，更强调"会心"的超越性与直觉性。方迪盛《"絪缊"：王夫之美学思想的构建》，提出王夫之以"絪缊"为基础，从审美现象、审美形态、审美理想中阐明"絪缊之本，阴阳和合"的审美理想。古风《王夫之意境美学思想新解》对"意境"美学的新见解在于王夫之论述意境的营造与结构问题，即观察时的情景互生、创作时的情景交融、鉴赏时的情景双收。柳正昌《王夫之美学思想的建构对现代中国美学的意义》提出王夫之美学思想对于建构现代中国美学具有结构参照、原型参照与校正价值等。

具体而言，以美学范畴中的"神理"论为例，在众多美学思想研究中关于"神理"论的论述，多涉及势之说、神理与诗情、情景关系等方面。目前国内对王夫之美学体系中的"神理"论的研究可分为以下几个方面：一是关于内涵解读，如郭锦玲《王夫之的"神理"说》、陈少松《试论王夫之的"神理说"》等文章指出王夫之美学中"神理"论的主要特征是各种情语和景语之间的微妙关系、意象的取舍关系与意象的组织；二是关于势之说的分析，部分学者如许山河、郭绍虞认为这是一种和神韵说相近的文艺观，张晶

《王夫之诗歌美学中的"势"论》与学者王思焜的文章中均认为势具有一种动态性质,是一种审美张力。袁愈宗《"势者,意中之神理也"——王夫之"势"论新解》认为势与意联系紧密,创作者是从流变的客观事物中选取最具真实情意的部分作为"意"的载体,在完成后形成"势"的运动态势;三是关于神理与诗情,陶水平《船山诗学"以神理相取"论的美学阐释》、张晶《论王夫之诗歌美学中的"神理"说》等文章,认为"神理"属于艺术理想论范畴,是在创作过程中发现的具有独创性的物我之间、形神之间、主客之间、情理之间的某种诗意的联系;四是关于情景关系,如袁愈宗《神理凑合,自然恰得——王夫之"情景"论新解》提出王夫之情景理论是以"神""理"的理解为基础,情景之间必须有思想、意象上的投合。上述关于"神理"论的研究主要是结合"情景"说与审美意象说而言,部分简短文章以诗歌审美意象为中心来论述"神理"论,并未有系统总体的著述,王夫之诗论著述中常借用画论观点,并融入个人见解,加以升华,因而对王夫之美学研究应放在中国古代美学传统的大背景下,结合传统画学观念进行辩证研究。

第四,挖掘王夫之美学思想的研究新领域:诗乐关系、美育思想等。如学者王枫在王夫之礼乐思想中强调诗乐合一、诗乐一理论。学者熊考核和吴海庆在自己的著作中,都特别强调了王夫之的美育思想。学者吴海庆则梳理了王夫之与近现代美育观念的内在关联。

第五,王夫之美学对后世的影响。王夫之美学的历史地位很高,但关于王夫之的著作,在很长时间内没有得到广泛的传播,近些年关于王夫之著作的史料挖掘,学术界开始关注并总结王夫之美学对后世学人产生的影响。学者吴海庆的文章较为详细地梳理了王夫之与中国近现代审美观念的内在联系。目前关于王夫之美学的专著研究,如20世纪60年代,戴鸿森整理、校点、注释《诗译》《夕堂永日绪论·内编》《南窗漫记》《夕堂永日绪论·外编》,并辑录散见于王夫之其他著作中的诗论,汇编成《姜斋诗话笺注》,成为一本较为全面的资料性诗论书籍。熊考核《王船山美学》从美学本质与存在的视角研究王夫之美学思想,以审美心理为基础,审美表现为主干,意境创造为核心,审美教育为指挥,阐释王夫之的美学体系。谭承耕《船山诗论及创作研究》以诗论来研究王夫之理论体系的有效性。陶水平《船山诗学研究》将王夫之诗歌理论与哲学思想结合,并探究其诗歌语境的形成因素。韩振华《王船山美学基础》从身体观和诠释学两个研究角度，阐发王夫之的美学意蕴与审美实践策略。吴海庆《船山美学思想研究》阐释王夫之气本体论与天人合一的哲学基础，并对现量审美意识进行系统论述。

纵观这 100 多年的研究史，可以看出王夫之美学研究走了一条由零散到系统，由诗论到艺术哲学到美学，由传统研究到多种方法论并存的道路。上述从王夫之美学体系到具体观点的研究，是本书从宏观美学传统背景下研究王夫之美学的基本文献。王夫之所建立的美学体系不仅仅是古代诗学理论的重要组成部分，还与传统画学理论有着内在联系，而且为中西美学对比研究提供思路。

（4）船山学与湘学的传承发展研究。1982 年湖南省社科院举办"王船山学术思想讨论会"，2007 年建立湖南省人文社科重点研究基地——湖南省船山学研究基地，1915 年创立的《船山学刊》至今已过百年，以船山思想研究为核心，以倡扬湖湘文化为主旨，是我国现存刊出历史最久的一家思想文化学术期刊。2015 年湖南省社科联举行"《船山学刊》创刊百年暨船山思想与中华优秀传统文化学术研讨会"，并出版了《〈船山学刊〉百年文选》6 卷，近 300 万字。2015 年湖南省船山研究基地与韩国朝鲜大学 WOORI 研究所签订合作协议，每两年联合举办一次学术讨论会。2018 年 8 月第 24 届世界哲学大会——"纪念王船山专题圆桌会议"在北京召开，中外哲学专家纵论"船山实学"。

（5）王夫之美学与古代画论、主体间性美学的研究。对于新的研究方法的探索与开启让王夫之美学研究逐渐在一个开放的语境下循序渐进地开展，近些年在方法论上借鉴西方的颇多，这里列举几种，例如范军、张隆溪借鉴西方诠释学理论，分析王夫之诗歌鉴赏理论的诠释学意味。阳晓儒、萧驰运用中西比较的方法，比较了王夫之与苏珊·朗格、柯勒律治的美学理论等。

目前相关研究中关于王夫之美学与古代画论的研究甚少，正如彭智的博士论文《王船山势论美学思想研究》（2021 年）中谈到，艺术美学研究中关于王夫之诗论的内容，提到美学范畴角度的研究还是明显偏少，从绘画角度研究的更是寥寥无几，关于王夫之书势和画势的研究，明显不如关于其诗势的研究充分、深入。仅有王朝闻的《取势得意》、李壮鹰的《"势"字宜着眼》、王思焜的《试析王夫之诗论与古代画论之关系》以及本书笔者在博士期间与博导合著的《王夫之与古代画学之道》等数篇专题论及。王思焜《试析王夫之诗论与古代画论之关系》一文，通过印证中国画论资料，以部分王夫之诗论语句与画论中相关联的内容，提出诗歌与绘画相通的艺术规律，丰富诗学理论。此外，关于王夫之美学与传统画论、书论的关系研究，虽然研究不多，但有少量文章中提及王夫之对古代画论、书论的借鉴。如王朝闻《取势得意》中谈到王夫之论画之势，提出"咫尺有万里之势"，从空间上来说具有延展性，以局部表现总体，以现在预示未来，成为艺术观赏者会心或者动心的动力源泉。势乃是审美主体的感悟。李壮鹰《"势"字宜着眼》中谈论王夫之势论的绘画含义，提到势乃是艺术作品相中之象、象外之象的审美意象，有着巨大的艺术张力，产生"有和无""尽和不尽""空缺与有余"之间的矛盾冲突。

笔者所著《王夫之与古代画学之道》中关于王夫之美学范畴中的"天人合一""神理"论与"象外"说等艺术观念与古代画学之间的联系，对研究传统绘画提供丰富的理论资料，加快打通王夫之诗学与画学门类艺术的进程，致力于为古典美学的现代转向作出有益尝试。文中提出的"王夫之神理论的创新"观点，曾被《中国社会科学文摘》摘录。后针对王夫之与画学之间的关系，发表了一系列文章，如《"神"与"理"：王夫之"神理"论中的画学思想》《船山美学思想中的传统画学哲理与文化价值》《王夫之美学思想新探》以及《王夫之美学思想与主体间性美学之比较》，综合上述文章的主要内容，后从多方面多维度深入研究王夫之美学与古代画学、主体间性美学的关联性，终成本书书稿。

（6）国外相关学术研究。国外对于王夫之学术思想的研究首先在日本展开，然后扩大到美国、英国、法国、德国等，主要涉及王夫之的易学、伦理学、史学、经济学、文学等研究方向，在多元角度与多维视野方面对本书的研究高度与学术价值有着提升意义。20世纪20年代王夫之的思想开始受到海外学者的关注，其诗论思想在20世纪60年代开始受到其他国家研究者的重视，20世纪70—90年代在日本出现船山学研究热潮，主要涉及哲学、史学、经济学、伦理学、易学、文学等多个领域。如艾莉森·哈利·布莱克的博士论文《王夫之哲学思想里的人与自然》作为一部专门研究王夫之思想的著作，分别讨论了王夫之形而上思想、哲学思想、伦理思想、认识论以及文学理论，并比较中西文化中创造论与表现论的差异。1982年，湖南省船山学社出版的《王船山研究参考资料》收集并翻译了日本、苏联、美国三个国家十四位学者的十八篇研究论文,这是国内较早梳理海外船山学研究情况的文献,且大多是域外学者研究王夫之哲学思想的文章。美籍华裔刘若愚《中国诗学》与《中国》、美国学者宇文所安《中国文论读本》、美籍华裔孙筑瑾《中诗探骊》等文献中部分内容谈到王夫之诗论著作。1995年,罗锡东的《王船山学术思想在港、台、海外的传播》一文简要介绍了中国香港、中国台湾、日本、苏联、西欧及北美学者研究王夫之哲学思想的相关文献。21世纪以来日本关于王夫之理论及其思想的研究越来越少。苏联关于船山学的研究较为突出,出现了王夫之哲学思想专著。韩国关于船山学的研究开始于20世纪60年代,至20世纪80年代有了较多成果,主要集中于经学、易学、气哲学、理学、老庄哲学等哲学、史学和文学领域。如专著有金珍根《气哲学的集大成:王夫之的周易哲学》、千炳俊《王夫之的内在气哲学》、赵成千《王夫之诗歌思想与艺术论》、李圭成《生成的哲学,王船山》、安载皓《王夫之哲学—宋明儒学的总结》等。

关于王夫之思想的综合研究,有日本学者西顺藏、山口久和、黑坂满辉以及韩国哲学博士李相勋等。关于王夫之哲学研究,吉田健舟通过比较分析王夫之所探讨的理欲观,以及其与程、朱、王阳明观点的区别,指出王夫之确立的是格物应穷之理。黑坂满辉提出王夫之的思想基调与"道""器"和"动""静"两对范畴。美籍华人陈荣捷在《中国哲学史史料》一书中明确指出王夫之哲学与中国传统哲学有密切的渊源关系。韩国学者安载皓的博士论文《王船山历史哲学研究》,是韩国研究王夫之历史哲学领域的先锋之作。

关于王夫之文学思想研究,日本学者小川晴久探讨王夫之诗论中出现的"性"与"情"的关系,高田淳用"修罗之梦"来描绘王夫之的心理世界。王夫之易学思想研究,如日本学者本田济《王船山的易学》、佐滕震二《王夫之的易说》等论著。关于王夫之儒学思想研究,英国史学家伊恩·麦穆伦《王夫之与新儒学传统》明确指出王夫之继承了北宋张载的唯物主义气一元论。

关于王夫之诗论思想研究,国外真正展开相关研究得益于黄兆杰、宇文所安两位学者对《姜斋诗话》的翻译、介绍与研究。美籍华人黄秀杰在《王夫之诗论中的情与景》中指出王夫之诗论对作品的寓意和意图十分敏感,也最有资格跻身于重要文学批评家之列。赵成千《王夫之诗学的研究》对关于王夫之诗学的前人和自己的观点进行了详细的阐释。

研究王夫之思想与中国精神的相关文章，如美国著名学者裴士锋所著《湖南人与现代中国》，指出王夫之是湖南人的精神领袖，并对近代学者如何重新解读他的著作，如何将他转变为令人仰慕的现代湖南精神象征等问题进行阐述。

从目前研究现状的范围来看，对于王夫之思想体系的研究，侧重点是在他的政治、哲学、教育等思想的评价方面，对于王夫之美学思想的研究主要基于哲学的大范围内对古代文论与美学史中的相关问题进行研究，从审美性和其他艺术门类，从中国传统画学、古代画论思想以及传统绘画领域等艺术领域进行研究取得的成果匮乏，相关资料较少，且不全面，也说明了古典美学思想与画学研究仍有广阔发展空间。过去多数学者往往以王夫之的诗论为限来概括他的美学思想与美学体系，但忽略了王夫之所建立的美学体系与传统画学理论的一脉相承与联系性。近年来虽有极为少数的学者把研究目光转向与古代画学的联系之中，但也局限在单纯的比较研究，研究成果较少且不成系统。对于王夫之美学体系中的各类范畴，学术界尚未有系统的、总体的专论。在国内外学者的学术论著中仅有部分文章在研究王夫之思想时有谈论到其美学思想，或是简短文章论及其在诗学中的体现与意义，并未将其放入文艺美学的广义范畴中进行多维度、多视野的解读，也尚未将其与绘画或画学相结合。王夫之诗论著述中常借用画论观点，并融入个人见解，加以升华，因而对其美学范畴的研究应将其放在中国古代美学传统的大背景下，结合传统画学观念进行辩证研究。

综上，王夫之美学的成就皆来源于他深厚的哲学底蕴，他的美学思想是对以往古典美学的继承，更是他自身哲学思想在审美领域的合理延展与全新升华。不仅仅运用于诗歌艺术之中，古代画学领域也有着借鉴学习之处，与中国传统绘画理论有异曲同工之处。学界对于王夫之美学的研究各有侧重，但较多侧重于他的诗学、文史学、儒学等思想，对其美学思想研究多以诗论为限，仅有少数学者逐渐把研究目光转向与画学或西方美学之关联，较少有从整体美学体系出发认识王夫之美学与传统画论、主体间性美学之间关系的学术研究，从传统画学、画论进行研究的成果匮乏且不成系统，忽略了两者之间的关联性与同构性，而且多数论著着眼于王夫之诗学。本书力求将美学与哲学、艺术等学科特性相结合，由体到用，阐释王夫之美学的自身独特内涵，为古典美学的当代性发展提供思路。

二、研究范围与思路

王夫之的美学思想蕴含于他的诗学、文学、史学等庞大的思想理论体系之中，他所建立的美学体系不仅是古代诗学理论的重要组成部分，也与古代画学之道和西方主体间性美学有着内在联系。中国古代文论著作也可以看作是一部观念史，正如美国学者宇文所安所言："各种观念不过是文本运动的若干点，不断处在修改、变化之中，它们绝不会一劳永逸地被纯化为稳定的、可以被摘录的'观念'。"❶

本书运用画学、诗学、美学、文艺学等学科研究方法，对王夫之美学的理论渊源、哲学内涵、美学创新、文化价值以及从本体论、创作论、审美论三方面分析与古代画论之间的内在联系，探究王夫之美学中的画学哲理，并结合中国传统画学哲理进行相关性分析，探寻王夫之思想中关于"天人合一""景以情合，情以景生""神理相取""势"与"神理凑合"等艺术观点与古代画学之道的内在联系。在中国传统画论中，也强调"取势""形神兼备""情景交融""天人合一"等，并运用于人物品评、景物描写、艺术作品评论中，成为中国画的审美标准，因而通过探究王夫之美学思想与传统绘画艺术所共同追求的审美旨趣与内在联系以及王夫之美学的当代文化价值。这一探索过程也说明了古典美学思想与画学研究仍然有着广阔深远的前景，以王夫之美学思想中蕴含的艺术创作本体论、创作论与审美论观点，研究其审美意象、审美认识、艺术关系等问题，以跨学科研究充实王夫之美学研究的新形态，并结合当下现状对湘学的传承与发展问题进行合理探究，对现代艺术创作的审美思想和精神主旨进行引导，传承与保护以国学湘学实地为核心的湖湘文化。同时，王夫之超越前人推出了一条外周物理与内极才情相结合的现实主义美学路线，分析王夫之美学与主体间性美学之间的关系，将其美学研究着眼于中西相似理论的广阔视野之中，中西文艺理论的对话能够为我们提供一些"共识"与"互补"的线索，呈现出一个具有现代开放性和解读性的立体美学结构。通过结合主体间性美学范式与美学理论分析其与王夫之

---

❶ 宇文所安.中国文论英译与评论[M].王柏华，陶庆梅，译.上海：上海社会科学出版社，2003：1.

美学思想的共性与个性，从而更好地构建王夫之美学的哲学意义与理论建构，并结合当下现状进行中西美学双向互审，也对构建传统美学与湘学多样性发展提供合理的可行性路径。

本书的研究思路是以王夫之美学为主要研究对象，通过哲学—美学—画学的层层递进分析，采用基础学理的致思维度，运用画学、诗学、美学、文艺学、理学等跨学科理论作为观察视角，系统地研究王夫之美学性质、内涵、意义与创新，结合王夫之美学中蕴含的艺术创作本体论、创作论与审美论，研究其中的审美意象、审美认识、艺术关系、艺术表达以及艺术创作灵感等诸多问题，挖掘其文化价值、美学意义，将王夫之美学范畴的研究维度从单纯诗论到画论研究的扩展，进一步深化王夫之美学的高度、深化对"诗画本一律"思想的解读，这不仅能填补国内系统研究王夫之美学的不足，通过跨学科的研究充实中国古典美学研究的新形态，实现湘学的传承，也对湘学的创新发展问题进行探求，在促进中国传统文化发展的基础上，具有较高的学术价值和现实意义，能够更全面地了解中国近古时期美学史的发展高度，为促进中华文化复兴提供动力。

三、研究重点与研究方法

本书的研究重点分为以下三部分。

（1）研究王夫之美学的哲学内涵、美学创新、画学审美旨趣以及从本体论、创作论、审美论三方面分析与古代画论之间的关系，分析王夫之"神理"论思想中关于"天人合一""神理相取""势"与"神理凑合"等艺术观点与古代画学之道的内在联系，从而深化其美学理论的意蕴，挖掘其文化价值、美学价值、艺术价值和传承意义，也为研究中国传统绘画提供了丰富的理论基础，对构建现代美学具有重要价值。

（2）从西方主体间性美学的理论范式中分析比较两者之间的关联性，包括主体间性美学理论的文化视域研究、王夫之美学思想与主体间性美学的关联性研究以及王夫之美学与主体间性美学的双向互审。多元文化之间互相对话，能获得自身的整合与创新，从而促进文化多元格局的发展。

（3）通过总结王夫之美学思想中融汇的古代画学之道与中西文化融合路径，不仅对现代艺术创作的审美思想和精神主旨进行引导，更能传承与保护以国学湘学实地为核心的湖湘文化,发掘其对促进中华文化复兴的借鉴意义。

研究方法包括:①文献研究,查阅归纳王夫之美学的文献资料,对文献资料进行查阅、细读、归纳与梳理,注重客观性、代表性、重要性与充足性,以此作为研究的重要基础。②调查研究,采用实地调查的方法对当下王夫之美学思想的研究进行调查,以获得最真实的文献资料。同时,采用访谈法对船山学领域的研究专家、相关文化机构或博物馆负责人进行采访,获取真实的文献资料,并对王夫之思想文化的传承现状进行实地调查并深入分析。③跨学科研究,从画学、诗学、美学、文艺学、伦理学等相关学科的角度展开本研究。④比较研究,采用比较研究的方法,对收集到的资料进行系统深入的理论研究,重点在于对王夫之美学观点进行整理归纳,并与古代书画论、西方主体间性美学思想进行比较,分析两者内在的联系与区别,更全面地了解中国近古美学史的发展脉络。⑤概念辨析,运用概念辨析的方法对王夫之美学中"神理"与"现量"等概念在哲学与美学领域的内涵进行辨析,掌握其不同时期的内涵以及发展演变规律,从而了解王夫之的美学观念,并进行多义性解读,来更好地结合古代画论的发展脉络与中西美学异同进行分析。

四、研究价值与意义

在叶朗先生的《中国美学史大纲》一书中,王夫之被盛赞为将中国古典美学的发展推上灿烂高峰的重要人物,其美学思想的理论体系建构或是核心命题的阐发,都展现出中国美学前所未有的成熟面貌。王夫之美学是他对审美活动与艺术创作中特殊思维方式的深刻描述以及极具创造性的论述。目前除了叶朗等少数美学研究学者外,许多学者对于王夫之思想体系的研究多限于史学、文学等领域,对他的美学理论关注不多,特别是从画学和中西美学互审的角度研究王夫之美学,甚少有论著,因而本书的研究具有一定的创新性。

本书相关研究的学术价值在于运用画学、诗学、美学、文艺学、伦理学等跨学科理论作为观察视角,综合运用多学科的相关理论,进行系统归纳总结,从多元的视角去分析王夫之美学与古代画论、中西美学的关联性,找寻诗学、画学、美学理论的发展脉络与规律,实证与思辨相结合,运用文献研究与调查法、比较研究与概念辨析法进行研究,扩展王夫之美学思想体系中

"神理"论、"情景"说、"现量"说、"象外"说、审美意象说与意境论的研究维度，从单纯的诗论研究扩展到中国传统画论思想研究，从中国传统美学研究扩展到中西美学互审，深化其美学理论的意蕴，对研究领域的不断拓展是对王夫之思想中美学高度的一种深化，有助于更全面地构建中国近古时期美学史的发展高度，为研究中国传统绘画提供丰富的理论基础。通过哲学—美学—画学的层层递进，再从画学—美学—哲学的不断升华，丰富传统画学的研究范畴与范式。同时，进一步加强"诗画本一律"理论的深化理解，对于王夫之美学的研究，不仅是诗学领域，更应该从多元的视角去分析"诗画本一律"的实证意义，了解王夫之在评论诗歌中所传达出的美学意义与传统画学理论是一脉相承、密切相连的。同时，结合古代画论思想，深化其美学理论的意蕴，也为研究中国传统绘画提供了丰富的理论支持，也为完善王夫之美学体系以及构建现代美学具有重要价值。

　　本书在总观美学思想的基础上以王夫之美学为切入点，其美学诗论思想与画学理论之间的联系，也是诗与画之间的联系，研究的应用价值在于对湖湘文化的创新性传承，发展以国学湘学实地为核心的中华优秀传统文化，弘扬船山学与湘学文化，促进湖湘文化与湘学重镇的发展，对新时代文化自信与中华文化的伟大复兴有现实价值，对当代艺术创作的审美思想与精神主旨有引导和升华作用。此外，王夫之为中国古代哲学社会科学巨匠大师之一，对于王夫之美学的研究，也符合美学研究的时代性、社会性，有利于弘扬中华优秀传统文化。

第一章　王夫之的美学体系

　　中国古代美学资源是当代美学的立足点与思想来源，如何在当代美学语境下将中国古典美学进行现代转化，是当下美学思想研究的重要主题。在中国古典美学中，明末清初的大思想家、文学家王夫之（船山）的美学思想占据重要地位，被誉为中国古典美学的总结者。

　　王夫之美学是他的哲学理论的延伸，是其哲学理论的有机组成部分，因此王夫之在阐发美学问题时思辨色彩强，既有深度又有广度，气势恢宏，立论新颖，尤以其具有综合感性派与理性派特征的"现量"意义深远。他的美学散见于他的各种著作中，而其诗学理论则在《诗广传》《姜斋诗话》《古诗评选》《唐诗评选》《明诗评选》和《楚辞通释》中有较为集中的演绎。对王夫之美学思想的研究与发掘，是丰富古代美学研究并实现现代转化的重要组成部分。王夫之美学思想是与其哲学、史学、伦理学等思想有机统一的整体，互相渗透，不仅吸收了孔孟儒家美学思想精华，批判性继承道释美学之精华，创造性提出诸多美学观念，还辩证地融入美育、诗论、画论之中，形成美学体系。王夫之美学主要分为以下五个部分。

　　（1）情景说——情景相生与妙合无垠，王夫之情景论是以对"神""理"的理解为基础。

　　（2）现量说——意与象、情与景达到融合，情景相生，自然灵妙，即是现量。王夫之提出艺术创作中运用的是"即景会心"的"现量"思维（《相宗络索》），并对其特征分别从时间、直觉、显现真实之义三方面去解释这种"因景因情"的偶然即得与心领神会。

　　（3）象外说——审美意象表达分为"象之内"与"象之外"，王夫之强调"象外之象"的美。即化虚为实，寄有于无。艺术创作达到虚实相生，"无画处均为妙境"。

　　（4）神理论——在叶朗的美学体系分析中，将神理论蕴含于意象论之中。王夫之所言的"神理"就是在物我之间、情景之间以及意象之间寻取某种"神理"。

（5）审美意象说与意境论——意与象、情与理、形与神、情与景的关系。这是王夫之美学思想的主体部分，并对中国古典美学中的意境理论进行系统的、全面的总结，从"意象"的构成来看，意是情与理组成，象是形与神的统一。

探讨上述美学范畴，需要对王夫之美学思想的理论源流溯源，注重具体语境的解读，从而了解其完整的美学体系脉络。

第一节 王夫之美学的理论渊源

美的起源最早见于甲骨文，由"羊"和"大"组成，《说文解字》中对美的释义："甘也，从羊从大，羊在六畜，主给膳也。"这里"美"来源于美味，是停留在视觉感受上，以视觉而引起味觉从而知美。王夫之在《说文广义》中对"美"进行了多种含义的旁证，并非单一的理解。如"倩，美也。从人从青，言如木之方青荣美也"。"男子以有用为美，故为男子之美称。子可以称父，天子亦称某甫，借为大也，美也，皆言其用之美大也。""从羊，与美，善同意；从我，义者，我心之制也。"既有外观形式之美，也有德性之美，亦或是阳刚有为之美。他认为美源于天，且无处不在，无所不有。即"天地之所致美者也……天致美于百物而为精，致美于人而为神，一而已矣"。即天地之美的本质是精，人文之美的本质是神，精与神均源于天，是天造就了万物之美，这也是王夫之的哲学论点——气本体论。王夫之推崇张载的气本体论，其在所著《张子正蒙注》中认为宇宙除了"气"，并未有他物，即"阴阳二气充满太虚，此外更无他物，亦无间隙，天之象，地之形，皆其所范围也"❶。还指出"气"的有无、虚实，均是"气"的聚散、往来，并没有增减、生灭，气的运动是无限、永恒的，即"故曰往来，曰屈伸，曰聚散，曰幽明，而不曰生灭。……凡虚空皆气也。聚则显，显则人谓之有；散则隐，隐则人谓之无"❷。王夫之强调"气"是阴阳变化的实体，理

---

❶ （明）王夫之. 船山全书（第十二册）[M]. 长沙：岳麓书社，2011：26.
❷ （明）王夫之. 船山全书（第十二册）[M]. 长沙：岳麓书社，2011：22-23.

乃是变化过程所呈现出的规律性。"气之变动成乎理"❶，"理即是气之理，气当得如此便是理，理不先而气不后"❷。理是气之理，理外没有虚托孤立的理。王夫之的一切理论依气本论而展开，因而中国古典美学思想中，以王夫之美学为代表主张太虚之气与生命之气相同，前者形成万物，后者构成人的生命内在。太虚之美就是阴阳二气流转不息所呈现的动态之美，即人乃是两者之美的典型存在，是真善美的统一。如王夫之《诗广传》中所言："人者，两间之精气也，取精于天，禽阴阳而发其回明。"❸ "天理在人心之中，一丽乎正，而天下之大美全体存焉。"❹ 对于庄子《庄子·外篇·刻意》中所言："澹然无极，而众美从之。此天地之道，圣人之德也。"强调"道"是美的终极来源，主张大道至美。王夫之对此批判性继承，承认"大美之道"，并认为这是天地之美存在的规律，是自然固有之美，且不能离开具体事物的美而单独存在，美的本根是"气"。"道"则是成为美的事物运动和变化的规律性表现，即"言道者，必有本根以为持守；而观浑天之体，浑沦一气，即天即物……根之所自立"❺。

王夫之认为自然美是客观存在的，不以人的意志而转移。曾评论谢庄《北宅秘园》一诗："两间之固有者，自然之华，因流动生变而成其绮丽。"这是强调自然美和宇宙万物一样已经客观存在了，同时还认为自然美具有其客观性，只有在事物的发展过程中，才能呈现美的特征。这个观点与他之后的"情""理""势"等观点的认知具有一致性。

在中国古典美学发展过程中，宋明时期部分理学家对于情与理的关系各执一词，如李贽反对"存天理，灭人欲"，袁宏道提出"性灵说"，汤显祖提出"至情说"。王夫之则继承孔子的"兴观群怨"的诗学命题，认为人的各种情感在一定条件下是相通且能够转化的，作为情感表现形式的兴观群怨也是如此。在艺术创作中能够互通方式、形态，从而将内心的情感毫无保留地表达出来，即"唯此宵宵摇摇之中，有一切真情在内，可兴，可观，可

---

❶（明）王夫之. 船山全书（第九册）[M]. 长沙：岳麓书社，2011：352.
❷（明）王夫之. 船山全书（第六册）[M]. 长沙：岳麓书社，2011：1054.
❸（明）王夫之. 船山全书（第三册）[M]. 长沙：岳麓书社，2011：447.
❹（明）王夫之. 船山全书（第一册）[M]. 长沙：岳麓书社，2011：270.
❺（明）王夫之. 船山全书（第十三册）[M]. 长沙：岳麓书社，2011：332.

群，可怨，是以有取于诗"❶。同时，强调四者间的联系"于所兴而可观，其兴也深；于所观而可兴，其观也审"。王夫之创造性地强调"真情"，强调诗歌本身超越现实功利的审美价值，并以此诠释兴观群怨。与此同时，王夫之接着提出艺术对于自然万物的反映是"心目之所及，文情赴之，貌其本荣，如所存而显之"。即艺术须是艺术创作者对自然景物的"心目"反映，可带有主观感情色彩去忠实反映客观事物，而这个艺术反映出来的客观事物比原有客观存在的事物更加"华弈照人，动人无际"。这里体现出王夫之对艺术之美的内在本质特征的哲学概括能力。

此外，王夫之美学中的突出贡献是将"现量"一词引入美学领域。他认为"现量"是审美主体与审美对象在视域融合中形成的审美语言表现，审美活动是"现量"，因而审美主体在审美活动中能够依靠真切情怀而获得深刻感悟。王夫之还在古代传统美学理论"情景"说的基础上，提出情景相生与妙合无垠，阐释审美意象说与意境论等，以上内容将在后文中详细讨论。

第二节 "情景"说的辩证关系

情景关系是从六朝开始作为诗论范畴建立的。陆机在《文赋》中曰："遵四时以叹逝，瞻万物而思纷；悲落叶于劲秋，喜柔条于芳春。"刘勰《文心雕龙·明诗》中言："人禀七情，应物斯感；感物吟志，莫非自然。"至唐宋时，范晞文提出情景不可分离，曰："'感时花溅泪，恨别鸟惊心。'情景相触而莫分也。'白首多年疾，秋天昨夜凉。'……固知景无情不发，情无景不生。"（《对床夜语》卷二），即情景关系交融不可分。谢榛在《四溟诗话》中言："作诗本乎情景，孤不自成，两不相背……诗乃模写情景之具。情融乎内而深且长，景耀乎外而远且大。"指出了情景适合，再能融成诗。元代方回在《瀛奎律髓》中也强调情景结合，认为杜诗佳句常常是"景在情中，情在景中"。明代王世贞在《艺苑卮言》中提出"情境妙合，风格自上"。都穆在《南濠诗话》中也提到："作诗必须情与景会，景与情合，始可与言诗矣。"

王夫之美学是建立在他的哲学基础之上的，是一种具有辩证唯物色彩的

---

❶ （明）王夫之.船山全书（第十四册）[M].长沙：岳麓书社，2011：681.

哲学思想体系，认为情景关系是主客关系，主体与客体是一种相依相存、相辅相成的对立统一关系，还认为"天致美于百物而为精，致美于人而为神，一而已矣"。这是对"天人合一"思想作出美学的阐释。他在前人的基础上，根据"天人合一"的思想，提出情景说，将情景关系理论上升到一个新的高度，并认为意象是情景的内在统一，而非外在的拼合作用。

"天人合一"的哲学思想始终贯穿于中华文化，不仅存在于文学史上，在建筑、医学、绘画以及中国人的思维方式中均能找到"天人合一"思想的烙印。"天人合一"观念对于艺术创作与艺术审美的形成均产生影响，要求在创作过程中，创作主体与创作者、作品与现实世界密不可分。创作者在创作时将主观情感寄托于创作对象上，两者相互影响、互相统一。在审美过程中，审美主体与审美对象也融为一体，获得情感共鸣。因而主客相交、情景交融是在"天人合一"观念下孕育而成的。王夫之在此基础上将情景理论进行辩证式的阐述，并提出自己的创新观念。

（1）他认为："情景虽名为二，而实不可离。"故在《姜斋诗话》卷二中言："夫景以情合，情以景生，初不相离，唯意所适。""情景一合，自得妙语。"如果将情与景"截分两橛，则情不足兴，而景非其景"。那就如同"山家村筵席，一荤一素而已"。

（2）他认为情景具有互相触发、相互依存的辩证关系，具有两者相生的特点，情生景："有识之心而推诸物者焉"，景生情："有不谋之物相值而生其心者焉"，则"相值而相取，一俯一仰之际，几与为通，而浡然兴矣"乃情景相生。这是情景之间的双向互动关系，"景中生情，情中含景。故曰：景者情之景，情者景之情也"。情景关系是你中有我，我中有你的统一体。

（3）他认为情景相生的最高境界是"妙合无垠"。关于诗歌中的情与景，王夫之在《姜斋诗话》中言："神于诗者，妙合无垠。巧者则有情中景，景中情。景中情者，如'长安一片月'，自然是孤栖忆远之情；'影静千官里'，自然是喜达行在之情，情中景尤难曲写，如'诗成珠玉在挥毫'，写出才人翰墨淋漓、自心欣赏之景。"❶即王夫之认为情景是不可分离的，"景中情"是主体在对客体之物的审美观照中，以外物的某些特征和主体内在情感相关联的特征结合而引发的情思，并用情思去化物，使外物成为主体审美

---

❶ （明）王夫之. 船山全书（第十五册）[M]. 长沙：岳麓书社，2011：824-825.

情感的具体形象。这里体现出王夫之情景论将情景关系内在结构上的情景融合分为情景二者的"妙合无垠""景中生情""情中含景"三种类型，也是三种境界。"景中生情"乃是"以写景之心理言情，则身心中独喻之微，轻安拈出"❶，这里的"景"是自然之景，即把身心的独特感受传达出来，要比直抒胸臆更加情深意浓。"情中含景"乃是人事之景，如王夫之对曹植《当来日大难》评论："子建（曹植）而长如此，即许之天才流丽可矣。""于景得景易，于事得景难，于情得景尤难。"艺术创作所呈现的人事景观与欣赏者的心境相契合，则能引起强烈共鸣。情景相生产生的"妙合无垠"也是在"景中生情"和"情中含景"的意境类型基础上完美融合的表现，是情景达到融合统一、浑然天成的程度。如《古诗评选》中王夫之评论谢灵运《登上戍石鼓山》一诗："情不虚情，情皆可景；景非滞景，景总含情。神理流于两间，天地供其一目，大无外而细无垠，落笔之先，匠意之始，有不可知者存焉。"❷ 这句话可以说是王夫之诗学理论的总纲领，即主体以景象为情思的象征，又赋予景象以情思，情景交融互化没有边际，"神理"其中蕴含，言情在动静、虚实之间生成意象，取景在即景会心中显现真实之感。情与景同节奏同韵律互相渗化，客观之景形成心灵之境，心灵之境形成艺术的审美形象，自然时空与心灵时空审美相连，从而达到艺术审美境界。

（4）王夫之还提出了著名的"乐景写哀情，哀景写乐情"观点，即以主观的情思为起合，移情化境，使诗境突破传统情景的局限，上升到更深层次上，通过强烈的反差增强艺术的感染力。王夫之在《诗广传》中对《诗经·采薇》进行评价，谈到"以乐景写哀，以哀景写乐，一倍增其哀乐"。❸艺术家善于用主体之情去创造自然，需要以人情之乐哀去化景象之哀乐。以乐景写哀，以哀景写乐，更让情景相融，情景之间产生鲜明对比，更加动人心弦。

（5）王夫之在强调情景关系的时候并未忽视理性思维的作用，如《姜斋诗话》卷一中提到："王敬美谓'诗有妙悟，非关理也'。非理抑将何悟？""非谓无理有诗，正不得以名言之理相求耳。"认为创作中理性与感性是交织

---

❶ （明）王夫之. 船山全书（第十五册）[M]. 长沙：岳麓书社，2011：829.
❷ （明）王夫之. 船山全书（第十四册）[M]. 长沙：岳麓书社，2011：736.
❸ （明）王夫之. 船山全书（第十五册）[M]. 长沙：岳麓书社，2011：809.

在一起的，无理，则没有反映出事物的本质，并非没有理性思维。但诗歌创作也不能"以理求诗"，而是强调"理随物显，唯人所感"。

第三节 "现量"说的美学内涵

"家辋川诗中有画，画中有诗，此二者同一风味，故得水乳调和，俱是造未造、化未化之前，因现量而出之，一觅巴鼻，鹘子即过新罗国去矣。"❶

上文中"现量"一词原本是古印度因明学的术语，是用来说明"心"与"境"的关系。因明学中，量是知识本身，可以分为现量和比量，比量的基础是现量，"现量"是指人通过感觉器官直接接触客观事物，把握事物的"自相"是一种无分别、直接的和自相知识。自相是指事物本真的，独有的特征。

王夫之创造性地将"现量"一词引用到艺术创作中。他认为审美观照是实现审美感兴的重要条件，艺术创作中的审美意象必须从直接的审美观照中产生，并用现量加以概括，来说明审美意象的基本性质。王夫之用现量揭示世人如何使客观景物达到审美观照，并用"现量"在美学理论中做了很多实践。"现量"就是"寓目吟成"（《古诗评选》卷一对《敕勒歌》的评语）。如在《唐诗评选》中王夫之评论张子容《泛永嘉江日暮回舟》中提到："只于心目相取处得景得句，乃为朝气，乃为神笔。"❷ 又在《姜斋诗话》中谈道："若即景会心，则或推或敲，必居其一，因景因情，自然灵妙，何劳拟议哉。"这里的"即景会心""因景因情，自然灵妙"是谈到审美意象必须从直接审美观照中产生，并利用"现量"来阐释"即景会心"的发生，阐释主体之情与客体之景在一起形成的审美意象。

王夫之在《相宗络索·三量》中对现量做出具体定义，现量有现在、现成、显现真实三种意义。"现在"之义，即不依靠过去，强调眼前性、当下性，与过去和将来都无关，只是当下瞬间的直觉，抛开成见只在当下的即景会心、触景生情中直观感知对象，只对眼前现存的景物引起创作灵感的审美契机。这种灵感非主观的想象和神思或是被动的感悟，而是宇宙万象与人心

---

❶ （明）王夫之. 王船山诗文集 [M]. 北京：中华书局，2012：480.
❷ （明）王夫之. 船山全书（第十四册）[M]. 长沙：岳麓书社，2011：999.

的亲自体验后产生的直观感悟之间的相通，从而形成审美结晶。即王夫之强调的创作应该"身之所历，目之所见，是铁门限"。❶ 创作需要主体身临其境地去感知对象，在审美观照中生成审美意象与审美感兴，从而创造出意境，否则就如依照图例写景色，谁都能效仿其貌，却缺乏真情实感。王夫之还强调创作需要以直觉、真事为基础，这便是"现成"与"显现真实"。"现成"是现量的第二意义。王夫之认为"现成"即"一触即觉，不假思量计较"。即"灵心巧手，磕着即凑，岂复烦其踌躇"与"不姿思致，不入刻画"，也就是主客体在相遇之时获得瞬间的感悟，以瞬间直觉去把握对象，没有外在的填充，排除一切判断推理等抽象活动的参与，通过追求创作构思中的"瞬间性"和"直觉性"，达到"即景会心"的表达。"即景会心"乃是没有理性思维和逻辑的介入下，客观景物在主体的审美直觉下完整转移至审美感兴上，是一瞬间的感性发挥。如王夫之评论王俭《春诗》一诗中提到"既无轮廓，亦无丝理，可以生无穷之情，而情了无寄"。❷

"现量"还有显现真实之义。其一是审美直觉对审美对象的真实显现，其二是审美直觉是审美主体对审美客体的真实显现。审美直觉的理是感觉真实，神理配合间怡然自得，它不是名言之理（逻辑概念之理），而是神理，即思与具体意象的天然妙合，超理性之理，这是王夫之所追求的。他在评论杜甫《祠南夕望》一诗中有言："'牵江色'，一'色'字幻妙。然于理则幻，寓目则诚。"❸

简而言之，"现在"之义在王夫之的"现量"说美学范畴中就是即景会心、因景因情、自然灵妙之意。"现成"之义则是一触即觉，不假思量，不经过精心安排、刻意雕琢与抽象思维而产生的瞬间之感。"显现真实"之义是得物态，究物理，感情中包含理性，现象与本质的统一体。王夫之认为，审美观照的实现需要有"现在""现成""显现真实"三种性质。审美观照是感觉器官所起的作用，是对客观景物感兴时的接触，审美观照是瞬间的感知，是对客观景物的整体把握，并非脱离事物的虚妄之物。

王夫之的"现量"说是有理论前提作为支撑的，即是承认自然美的存

---

❶ （明）王夫之. 船山全书（第十五册）[M]. 长沙：岳麓书社，2011：821-822.
❷ （明）王夫之. 船山全书（第十四册）[M]. 长沙：岳麓书社，2011：622.
❸ （明）王夫之. 船山全书（第十四册）[M]. 长沙：岳麓书社，2011：1022.

在，客观景物存有固有之美，才能实现审美观照，进而在审美观照中营造审美意象。如王夫之《诗广传》卷四《大雅》中言："天不靳以其风日而为人和，物不靳以其情态而为人赏，无能取者不知有尔。……是以乐者，两间之固有也，然后人可取而得也。"天地间的景物有自己的美，这种自然的美才能产生审美观照。而人心与天化相取，才能产生审美感兴，审美感兴与审美观照的存在，才能产生审美意象。王夫之一方面明确指出审美意象的本质是对自然美的真实反映，即审美观照的直觉性；另一方面强调这种真实反映是通过审美感兴瞬间直觉来实现的。即王夫之提到的艺术家对自然美进行审美观照乃是"心目之所及"，将自然美真实表现出来乃是"貌其本荣，如所存而显之"（《古诗评选》卷五谢庄《北宅秘园》评语）。

此外，"现量"说也是对"兴会"说的理论阐释。"兴"最早在先秦文献中是"起"的意思。郑玄在为《毛诗》作笺时提出"兴"是言与意的特殊关系，即譬喻关系。"兴"在诗论中的含义，一是触物以起情谓之兴。即胡寅《斐然集》卷十八《与李叔易书》引李仲蒙语："叙物以言情谓之赋，情物尽者也。索物以托情谓之比，情附物者也。触物以起情谓之兴，物动情者也。"这里的"兴"是有三层递进之意：情、起情、触物以起情，这三层递进之意乃是纯美学意义上的情感兴发。"兴"之情乃是真情，即艺术创作应该被当作真情实感的自然流露。起情是指情感的生动性与鲜活性，在心情舒畅的情况下，在自然景色触发下，创作者才会发生兴会，才能有更为真情实感的自然流露，即刘勰所言"起情曰兴"。在这里"兴"突出表现为正在产生不可遏制的情感，这种情感是艺术创作的必需品。触物起情，则是这种情感是由触物而起的，触物而起的情感才是自然的真情。王夫之的理解是，"兴"乃是人与自然、内心与外化在相知相取中达成的沟通，因此有言："有识之心而推诸物者焉，有不谋之物相值而生其心者焉。知斯二者，可与言情矣。天地之际，新故之迹，荣落之观，流止之几，欣厌之色，形于吾身以外者化也，生于吾身之内者心也；相值而相取，一俯一仰之际，几与为通，而勃然兴矣。""兴"的第二层含义是乘兴而作谓之兴。"兴"是不受主观的先入为主的束缚，而是一种受外界事物触发而起的情感状态，乘兴是还原创作者和自然万物的本真，将灵趣和意境表现出来。"兴"的第三层含义是言已尽而意有余谓之兴。兴中之意是生动的意味，是言外余意，是不能脱离兴发状态而展现的具体情境。

"兴会"一词作为中国古代文艺创作中的一个审美范畴，指艺术创作者即景会心的瞬间直觉，是对直观景物的心领神会，是一种艺术直觉中的灵感体现。自魏晋以来，不少文人墨客用到兴会一词，如李善《文选注》中谈道："兴会，情兴所会也。"❶ "兴会"被认为是创作者在瞬间感知自然山水宇宙的同时进行深刻体会。王夫之在前人的理论基础上对其进行总结和阐发，并在诗论中引用"兴会"一词达十次以上，并用"现量"对"兴会"加以阐述。王夫之一直强调"兴在有意无意之间"，即审美创造具有有意识和无意识的心理过程，自觉与非自觉的互相融合转化，这就涉及直觉思维是能够将无意识和非自觉的因素和艺术创作融合在一起，超越感性与理性，从对象内部体验并与对象认同发生直观感悟的一种思维方式。这里王夫之是意识到直觉思维具有有意和无意的特点，而审美感兴则具有偶发性、直觉性的特点。艺术的直觉是艺术家在物我统一的情境中基于感性直观并超理性的审美感受。如《古诗评选》卷一中王夫之对《敕勒歌》的评语："诗歌之妙，原在取景遣韵，不在刻意也。"这里强调偶然性，即"天籁之发，因于俄顷"的兴会所得，是"笔授心传之际，殆天巧之偶发，岂数觏哉"。"兴会"的诠释也是对灵感的解说，是审美创造、思与神和，即景而生的直觉灵感状态，是"情兴所会也"，而灵感则是具有高度创造性的瞬间直觉，是艺术创作获得至高体验并融入作品而产生的某种契机。可见，王夫之十分强调对于即景会心的瞬间感觉，并认为以此能够获得物我合一的审美体验。这种"兴会"也是情景相融的必要条件之一，即王夫之在《明诗评选》中提到："一用兴会标举成诗，自然情景俱到。恃情景者，不能得情景也。""兴会成章，即以佳好。"王夫之还在《姜斋诗话》《夕堂永日绪论·内编》中言"含情而能达，会景而生心，体物而得神，则自有灵通之句，参化工之妙"。这里"灵通之句"就是创作者即景会心的直觉反映。因此，艺术家需要感兴直觉思维得到偶发与突发的碰撞，并得到飞跃，获得灵感。这种灵感的捕捉是需要即景会心，揽物得神，要以真切的感受和深入体验为基础，才能获得感悟于心的"兴会"。王夫之借用因明学中"现量"一词来说明审美创造的直觉性思维。在真切的审美体验中，获得直觉感兴的客体，达到主客体水乳交融，创造出审美意象的心理活动，视为"现量"。

---

❶ 崔海峰. 王夫之诗学中的"兴会"说［J］. 文艺研究，2000（5）：45-51.

综上，王夫之美学思想是审美感兴、审美直觉和唯物主义反映论的统一体。其美学体系是唯物主义的美学体系。王夫之借助"现量"来揭示审美意象的基本特征，"现量"之美是通过当下情景中的直接经验与天人互动中相通相融而最终走向生命之境。审美观照以自然美的存在为前提，同时要求审美主体也具有审美心胸，审美心胸是实现审美观照的必要条件之一。审美心胸实现了，审美感兴才能充分发生，审美意象的形成过程才能发展。

第四节 "象外"说的艺术论点

王勃最早使用"象外"一词，将原本来自绘画理论之中的"象外"，引入唐代诗学之中，曰："既而神驰象外，宴洽寰中。"王昌龄有"象外语体""象外比体"之说。唐代诗人皎然最早将"象外"引入诗论，在《诗议》中曰："固须绎虑于险中，采奇于象外，状飞动之句，写冥奥之思。"通过感悟象外丰富的意蕴才能得到"飞动之句""冥奥之思"。刘禹锡在《董氏武陵集纪》中曰："境生于象外，故精而寡和。"精微之义存于言外，诗歌的意象产生于形象之外，言外之义和象外之境超越"言""象"，强调只有通过"象外"才能达到意境的创造。司空图提出"象外之象""超以象外"，即《与极浦书》中言："象外之象，景外之景，岂容易可谈哉!"可见"象外"说追求的是一种超越物象之外的艺术境界。

王夫之在谈论审美意象的特点时，在很多地方也谈到了"象外"说，可以说他对意境的研究是从"象外"说展开的。在诗论著作中，呈现象外之象、象外之意、象外之美的语句比比皆是。如王夫之在《古诗评选》卷四评张协《杂诗》之四中言："'森森散雨足'，佳句得之象外。"《唐诗评选》卷四评沈佺期《兴庆池侍宴应制》中言："巧不伤雅，即象外，即圜中。"《唐诗评选》卷三评李白《渡荆门送别》中言："明丽果如初日。结二语得象外于圜中，'飘然思不穷'，维此当之。"

此外，王夫之"象外"说中对象外之美的评论具有两个重要审美特征。一是善于以小景写大景，以近景写远景，以局部写整体，追求象外之象的可能性和无穷性。如《夕堂永日绪论·内编》中言："有大景，有小景，有大景中小景。'柳叶开时任好风'、'花覆千官淑景移'，及'风正一帆悬'、'青霭入看无'，皆以小景传大景之神。"即"柳叶开时任好风""花覆千官淑景移"等诗句以小景写大景，以近景写远景，以局部写整体，给人留下无限的遐想空间，颇具艺术诱发性。王夫之对"象内""象外"之间的辩证关系是基于哲学本体论基础之上的，以唯物主义哲学思想作为理论依据，以"情景"说为美学基础，认为"象内"是"象外"的坚实基础。二是反对脱离真实情感的意象描写或情景创造的空虚玄想的"象外"。如王夫之批评那些描写缺乏真切的艺术作品，没有对所要表现的情感有自得的体验，斥之："设为混沌，空有虚声而已。"（《古诗评选》潘岳《内顾诗》评语）

综上，王夫之"象外"说的美学阐释可分为以下几个方面。

第一，"景外得景""象外得象"，即由实景、实象诱发出虚景、虚象。《姜斋诗话》中言："规以象外，得之圜中"，即虚实结合之境界，超出有限的景象。何为"圜中"，出自《庄子·齐物论》："枢始得其环中，以应无穷。"环是指门上下两横槛之间承受枢的旋转的空洞，枢入环中，就可以旋转自如，以此来比喻对"道"的把握。"圜中"寓于妙造自然、情景相生、虚实结合的意境中，是"象外"的依据和枢纽。"象外圜中"来自《二十四诗品》，王夫之将其引入诗论之中，要求诗歌景象具有美感。"圜中"乃诗中所描绘之景，"象外"乃诗中未言及之情感，二者是递进关系、对立且又并存的对举关系。王夫之认为"圜中"是一个实在的整体，就是"内"，而"象外"则是指"虚空"的"外"。如"多取象外，不失圜中"。❶ "言有象外，有圜中。当其赋'凉风动万里'四句时，何象外之非圜中，何圜中之非象外也。"❷（评胡翰《拟古四首》其三评语）"象外"与"圜中"是对立统一的，在"圜中"的基础上达到"象外"的效果，形成不可分割的意象整体，两者相辅相成，立足于"圜中"的"象"，蕴含广阔无垠的象外空间和无穷无尽的象外之意。王夫之在《明诗评选》卷五评李梦阳《早春繁台》一诗："取景玄真，含情虚远。"❸ "玄真之景"即"圜中"，"虚远之情"即"象外"。他在《古诗评选》中对谢灵运《登池上楼》的评论："'池塘生春草'，且从上下前后左右看取，风日云物，气序怀抱，无不显著。较'蝴蝶飞南园'之仅为透脱语，尤广远而微至。""从上下前后左右看取"，就是

---

❶ （明）王夫之. 船山全书（第十四册）[M]. 长沙：岳麓书社，2011：737.
❷ （明）王夫之. 船山全书（第十四册）[M]. 长沙：岳麓书社，2011：1281.
❸ （明）王夫之. 船山全书（第十四册）[M]. 长沙：岳麓书社，2011：1390.

"超以象外"。"风日云物，气序怀抱，无不显著"，就是"得其圜中"的象外，乃是"象外之意"。"象外之意"自然从中生出，景活而情深，景真则意远。又如《唐诗评选》中评杜审言《大酺》："'柳叶开时任好风'，景外独绝"；评李郢《送刘谷》："一结得象外之象"；又评窦叔向《春日早朝应制》："其不如岑、杜七言者，未能于景外取景"等。总之，"圜中"之"象"是"象外"的根本基础，"象外"之"情"是"圜中"的最终寄托，"象外"与"圜中"是不可分割的。"圜中"一旦生出"象外"，"象外"就拥有了相对独立的美学意义。即王夫之在《古诗评选》中评曹操《秋胡行》一诗："盖意伏象外，随所至而与俱流，虽今寻行墨者不测其绪。要非如苏子瞻所云行云流水，初无定质也。维有定质，故可无定文。"❶ "佳句得之象外，然庸人亦或能已。每一波折，平平带出，令读者如意中所必有，而初非其意之所及，则陶、谢以降，此风邈矣。"❷（评张协《杂诗八首》其四评语）学者叶朗在《中国美学史大纲》中谈道："并不是一切审美意象都是意境，只有取之'象外'，才能创造意境。"❸ 王夫之对于意境的阐述，其"境"的表现，在于他对"规以象外，得之圜中"的强调，意境就是意伏象外而获得的艺术境界，象外之意并非缥缈无端，其仍是有"定质"的。

第二，"形神都胜""神行象外"，即做到以形写神。形神兼备甚至脱形得似。王夫之在《明诗评选》中对胡翰《拟古》一诗的评语："空中结构。言有象外，有圜中。当其赋'惊风动万里'四句时，何象外之非圜中，何圜中之非象外也。"这也是对虚实结合的象外之意的推崇。王夫之在《唐诗评选》中赞扬刘庭艺《公子行》诗："脉行肉里，神寄影中，巧参化工，非复有笔墨之气。"赞扬赵南星《独漉篇》一诗"脱形写影"，写形是"取象""脱形写影""神寄影中"，就是取之象外，也就是"取境"。《古诗评选》中称赞庾信《咏画屏风诗》"丽以神，不丽以色也"；称赞陶潜《拟古》之五"神骏不可方物，而固不出于圜中"；称赞张正见《刘生》"风神特远"。《唐诗评选》中称赞李白《春日独酌》"神化冥合，非以象取"；称赞韦应物《夏夜忆卢嵩》"神行非迹"等。

---

❶（明）王夫之. 船山全书（第十四册）[M]. 长沙：岳麓书社，2011：499.
❷（明）王夫之. 船山全书（第十四册）[M]. 长沙：岳麓书社，2011：705.
❸ 叶朗. 中国美学史大纲 [M]. 上海：上海人民出版社，1985：482.

第三,"象外象中""往复萦回",从而产生虚实相生、相辅相成的艺术效果。王夫之在《古诗评选》中评鲍照《代东门行》一诗:"空中布意,不堕一解,而往复萦回,兴比宾主,历历不昧";评古诗"中边绰约,正使无穷"。《唐诗评选》中评李白《长相思》"题中偏不欲显,象外偏令有余"等。

第四,"物外传心""意伏象外",王夫之将"象外"与"意"结合,提出"象外有意",即"命以心通,神以心栖,故诗者,象其心而已矣"。❶ "象"表现"心","象"是实、明,"心"是虚、幽,意味着意境既不脱离"象"而又能"超以象外",要做到情景相生,有无相生。如王夫之在《古诗评选》中评曹植《七哀诗》:"'明月照高楼,流光正徘徊',可谓物外传心,空中造色。"又评谢灵运《田南树园激流植楥》一诗:"亦理亦情亦趣,透迤而下,多取象外,不失圜中。"在《唐诗评选》中评储光羲《同王十三维偶然作》:"体物见意,微妙玄通。"在《明诗评选》中评包节《夏日雨后过陈园》"象外生意";又评杨慎《雨后见月》"象外得玄"等。

第五节 "神理"论的美学阐释

王夫之美学思想蕴含于他的诗学、文学、史学、儒学等哲学思想理论体系之中,是哲学思想在美学领域的延伸,并以儒学为宗,批判继承道教与佛家美学的合理部分。如王夫之辩证唯物主义思想影响着其"神理"论中远近关系、现量思维的提出,从思维与存在的关系角度解释"缊二气",并与"神理"论的"天人合一"思想以及画学"气韵生动"观点有着深层关联。

"神"的概念在中国哲学中含义复杂且广泛,关于"神",艺术上一直有倡"神"之说。神本于《周易·系辞上》言:"阴阳不测之谓神。"如刘勰《文心雕龙》中谈到"神居胸臆",王士禛言:"兴会神到。""神"在美学领域大致有三种含义。一是鬼神之义,至春秋后期,鬼神之义观念渐衰,如孔子《论语·雍也》"敬鬼神而远之"。二是精神之义,即"心神"之"神","神"为精神,为人心之精力与精神状态,常与形体相对,形神合一,强调一种内在关系,与形神之辨相关的神的精神之义,在美学上的关联

---

❶ (明)王夫之. 船山全书(第三册)[M]. 长沙:岳麓书社,2011:485.

是直接明显的。如宗炳提出"畅神"说、刘勰的"神思"说、张彦远的"凝神遐想"说等，都与"神"的精神之义密切相关，并具有美学上的意义。三是神妙变化之义，即神化之"神"。《周易》中曰："神无方而易无体"，又曰"阴阳不测之谓神"。孔颖达有言："神则阴阳不测，易则唯变所适，不可以一方一体明。"又云："以微妙不测谓之神，以应机变化谓之易，总而言之，皆虚无之谓也。"❶《庄子》中提到了大量的"神妙"之"神"，语言无法传达的神妙之境可通过艺术语言，如舞蹈、绘画、诗歌等传达出来。从这个意义上说，"神"乃是一个美学术语。如古代画学所追求的"逸、神、妙、能"（黄休复《益州名画录》），"神品""神思""下笔如有神"等。

"理"的哲学内涵也可分为三个层次。一是物之理，即物体的属性。二是名理之义，即是逻辑性的思维规律，如《黄老帛书·名理篇》提出"审察名理""循名究理"，均为以理为概念、判断等逻辑思维。三是理为天理，宋明理学以理为宇宙自然的人伦道德的最高准则。同时，"理"是气运动变化的必然依据和固有条理、秩序。刘勰在《文心雕龙·神思》篇中指出："思理为妙，神与物游。"《文心雕龙·物色》中言："山沓水匝，树杂云合。目既往还，心亦吐纳。春日迟迟，秋风飒飒。情往似赠，兴来如答。"指出艺术构思阶段，创作者的目与心同时发挥作用，客观之景与主观之情交互作用。艺术构思时心与物应当交融，主客观必须统一。王夫之在前人的基础上作出更加明确的解释，指出在构思阶段进行艺术思维时要捕捉情与景，要凭借巧妙的艺术思理沟通主客两个方面，达到外景之神与内在之情的契合，达到"心中目中与相融浃。"

"神理"是中国古典哲学与美学的一个重要范畴。《周易·观》中言："观天之神道，而四时不忒，圣人以神道设教，而天下服矣。"孔颖达有言："神道者，微妙无方，理不可知，目不可见，不知所以然而然，谓之神道。"这里的"神道"就是"神理"，即阴阳变化、神妙之理，这里的神理具有神秘色彩，但在中国文艺理论中，神理是没有任何神学色彩的神秘含义，而是指最微妙、深奥的含义。从"神理"的发展脉络分析，经历了三个阶段。第一，最初晋人的"神理"释义来源于刘勰《文心雕龙》，其中提出"神理"与为文的起源、目的、态度、原因、方法等诸要素密切相关。此时，"神理"

---

❶ （唐）孔颖达. 周易正义（影印南宋官版）[M]. 北京：北京大学出版社，2017：247-249.

作为一个文论语词和美学范畴,也是中国古代文化的产物。第二,至唐宋时期,"神理"说涉及三个维度:文本语言形式层面的神采、作品人物的内在神情、读者所感知到的作品的传神能力。第三,明清时期的"神理"论,具有代表性的便是王夫之提出"神理相取""神理凑合"等观点,形成"神理"论,清代姚鼐在此基础上提出"神理气味"说。

王夫之关于"神理"的释义,可以分别从"神""理"以及"神理"三者的内涵进行解析。王夫之论"神",是从气本体论出发,提出"神"乃至清之宇宙元气,认为"神"并非虚幻缥缈之物,而是阴阳二气融会贯通之理,是精华之所在,是万物美之根源,即王夫之在《张子正蒙注》中谈道:"太和之中,有气有神。神者非他,二气清通之理也。"❶ 又言:"盖气之未分而能变合者即神,自其合一不测而谓之神尔,非气之外有神也。"❷ 可见,王夫之认为"故神,气之神,化,气之化"。"神"乃变化之理,是气之变化的浑然与偶然状态,是阴阳二气未知与大始之理。"化"则为变化过程,即神与化是变化规律及其过程的关系。如果以逻辑理性去分析、认识、推理并了解"神",则无法感知妙境。即"吾心之知,有不从格物而得者"。❸ 因此,需要人不仅仅是理性的存在,还要拥有感知天地的智慧,更强烈地感受天地万物的本原,更能够彻底感悟天地万物的整体。基于上述理论,王夫之常在文论中以"神"来品评诗歌,如评论谢朓的《新治北窗和何从事诗》:"汉、魏作者,惟以神行,不藉句端著语助为经纬。"❹ 评论卢照邻的《长安古意》诗:"心神笔力,独凌千古。"❺ 评论李贺的《金铜仙人辞汉歌》诗:"寄意好,不无稚子气,而神骏已千里矣。"❻ 评论高启的《悲歌》诗:"万年四方,神摇天动。"❼《古诗评选》中评论陶潜《拟古》之五"神骏不可方物,而固不出于圜中";评张正见《刘生》"风神特远"。《明诗评选》中评论王逢《钱塘春感》之五"色愉神悲,悲乃以至";评高启《送石明府之昆山》"一味旁取,韶光夺目。五、六写循吏,传神生色"。《唐诗评选》中评

---

❶ (明)王夫之. 船山全书(第十二册)[M]. 长沙:岳麓书社, 2011:16.
❷ (明)王夫之. 船山全书(第十二册)[M]. 长沙:岳麓书社, 2011:82.
❸ (明)王夫之. 船山全书(第十六册)[M]. 长沙:岳麓书社, 2011:405.
❹ (明)王夫之. 船山全书(第十四册)[M]. 长沙:岳麓书社, 2011:773.
❺ (明)王夫之. 船山全书(第十四册)[M]. 长沙:岳麓书社, 2011:887.
❻ (明)王夫之. 船山全书(第十四册)[M]. 长沙:岳麓书社, 2011:923.
❼ (明)王夫之. 船山全书(第十四册)[M]. 长沙:岳麓书社, 2011:1191.

论韦应物《夏夜忆卢嵩》"神行非迹"。上述所言,"神行""心神"是指审美主体超理性的想象,"神骏"是审美主体能够感受到客体景物的精神气韵。"神摇天动"中的"神"则是指古代艺术作品所达到的神妙之境。

　　王夫之的"理"基于气本论进行阐释,认为理是"物之固然,事之所以然也"。❶ 在《读四书大全说》中言:"理即是气之理,气当得如此便是理,理不先而气不后。"❷ "天地间只是理与气,气载理而理以秩叙乎气。"❸ "理"为气之理,是气运动的规律,是气化运动之必然,而气承载理,"理本非一成可执之物,不可得而见;气之条绪节文,乃理之可见者也。故其始之有理,即于气上见理;迨已得理,则自然成势,又只在势之必然处见理"。❹ 王夫之在诗论中主张"理",乃审美之理,客观自然之理与主观之理相结合的审美之理。"诗源情,理源性,斯二者岂分辕反驾者耶?"❺ 评论张协的《杂诗》说:"感物言理,亦寻常耳,乃唱叹沿回,一往深远。"❻ 评论陶渊明的《饮酒》说:"真理,真诗。……说理诗必如此,方不愧作者。""如此情至、理至、气至之作,定为杰作,世人不知好也。"❼ 评陶渊明的《癸卯岁始春怀古田舍》说:"通首好诗,气和理匀。……通人于诗,不言理而理自至,无所枉而已矣。"❽ 评祝允明《春日醉卧戏效太白》:"英雄气从密理生,只此凌太白而上。"❾ 在这里王夫之所强调的理是主观情志与客观本体的统一,是指寓"主观情理"于"客观自然之理"之中的"物理"。既非那种外在于人的纯客观的抽象之理,又非与客观无关的纯主观的伦理,而"内极才情,外周物理"的统一,是一种在审美对象感性形态之中寓含着创作者的审美情思的具有审美特质的"理",是一种与诗人审美情感相连,同时又体现在审美对象感性形态之中的具有审美特质的理。他强调创作者应该既得物态,反映审美对象的外部感性形态,又得物理,体现审美对象的意象关联,通过描写

---

❶ (明) 王夫之. 船山全书 (第十二册) [M]. 长沙:岳麓书社,2011:194.
❷ (明) 王夫之. 船山全书 (第六册) [M]. 长沙:岳麓书社,2011:1054.
❸ (明) 王夫之. 船山全书 (第六册) [M]. 长沙:岳麓书社,2011:551.
❹ (明) 王夫之. 船山全书 (第六册) [M]. 长沙:岳麓书社,2011:994.
❺ (明) 王夫之. 船山全书 (第十四册) [M]. 长沙:岳麓书社,2011:588.
❻ (明) 王夫之. 船山全书 (第十四册) [M]. 长沙:岳麓书社,2011:705.
❼ (明) 王夫之. 船山全书 (第十四册) [M]. 长沙:岳麓书社,2011:720.
❽ (明) 王夫之. 船山全书 (第十四册) [M]. 长沙:岳麓书社,2011:719.
❾ (明) 王夫之. 船山全书 (第十四册) [M]. 长沙:岳麓书社,2011:1306.

"物之态"来表现"物之理",或通过选择和描写富有特征、富有表现力的"物态"来表现"物理",从而达到"内极才情"与"外周物理"的诗意统一,达到自然规律与艺术规律的完美统一、生活真实与艺术真实的完美统一,以及客观真实与主观真实的完美统一,因而既得物态,又得物理。如王夫之评《诗经·周南·桃夭》中言:"'桃之夭夭,其叶蓁蓁','灼灼其华','有蕡其实',乃穷物理。夭夭者,桃之稺者也。桃至拱把以上,则液流蠹结,花不荣,叶不盛,实不蕃。小树弱枝,婀娜妍茂为有加耳。"❶ 这里提到"乃穷物理",即桃树枝繁叶茂、果实硕大等姿态是"得物态",而充分表现树木生长内在规律的则是"穷物理"。这里强调创作不仅需要揭示客体物象的共相,也要体现其特殊性和真实性,"夭夭"是对于桃树而言的内在之理,是殊相。因此,创作者需要将客观物象的共相和殊相统一,并融入艺术创作之中。

"神理"是中国古典美学与诗学的一个重要范畴,也是王夫之美学理论中具有创新性和学术价值的范畴之一。其中"神理"论乃是他对审美活动与艺术创作中特殊思维方式的深刻描述和极具创造性的论述。在王夫之文论著作之中"神"和"理"时而分开使用,时而合在一起形成新的审美范畴。王夫之指出二者合为一起时便形成了一个新的审美范畴,超越了两者各自的意义,营造了更为复杂和深邃的审美意蕴。即"神"乃"理"之神妙变化的体现、本质或依据。在谈及神与理的关系时,王夫之同样是依据气本体论的观点,认为"理在气中,气无非理,气在空中,空无非气,通一而无二者也"。可见,王夫之认为万事万物的变化都有其规律,即"神"或"理",这种神理存在于各种具体的事物之中,且通过具体事物而起作用,并不随着某一具体事物的生灭而成毁。"神理"作为阴阳二气运行聚散的奥妙、道理或者规律,它普遍而又神妙地运行于天地之间的万事万物之中,"大无外而细无垠",因而发现并表现出"神理"并非易事,需要特别的审美把握与表现。

王夫之认为"神"首先指与"形"相对,寓于形中又超乎形上的事物的内在精神、生命、心灵等。"神"既指客体之神,又指主体之神,还指主客两种神的诗意统一,进而也可指艺术作品所能达到的神妙境界。总之,王夫之一方面强调"形神都胜"(《明诗评选》卷五,高启《郊墅杂赋》之四评

---

❶ (明)王夫之. 船山全书(第十五册)[M]. 长沙:岳麓书社,2011:810-811.

语），另一方面主张"脉行肉里，神寄形中，巧参化工，非复有笔墨之气"（《唐诗评选》卷一）。王夫之还主张"体物而得神"（《夕堂永日绪论内编》），体物是得神的前提，把握形似是达到神似的基础。又指出"两间生物之妙，正以神形合一，得神于形而无非神者，为人物而异鬼神，若独有恍惚，则聪明去其耳目矣"（《唐诗评选》卷三，杜甫《废畦》评语）。这里的体物而得神并非描绘对象时完全相似，而是似与不似之间的统一，即"取神似于离合之间"（《古诗评选》卷四）。

当"神理"合成为一个词时，"神理"被寓为具体情景和真实情感的个体本质，不是抽象概念的"名言之理"❶，也不是"经生之理"❷，而是心之神和物之理的结合，是情景瞬间感悟的自然妙得，是以当下真实性和直接性、具体性的景物本质的直接呈现。

王夫之在《张子正蒙注》中指出"天地之间，事物变化，得其神理，无不可弥纶者"，又云"唯神与理合而与天为一"。在神理一词组合使用时，王夫之在《古诗评选》中评谢灵运《登上戍石鼓山诗》谈道："理流于两间，天地供其一目，大无外而细无垠，落笔之先，匠意之始，有不可知者存焉，岂'兴会标举'，如沈约之所云者哉!"这说明了"神理"的超以象外，与天地万物相通，趋于真实存在的一种宇宙精神，充满着生命的生机，是物之理、性之理、情之理，是人之存在的境界。艺术创作在这时被注以神性之感，能够感知天地间，同时能够体会天地精微的神秘和广阔无垠的深远。

王夫之在《唐诗评选》中评论杜甫《废畦》时指出："譬如画者固以笔气曲尽神理，乃有笔墨而无体物，则更无物矣。"这里的"神理"作为一个合成词，兼综了"神""理"二者之义的同时，获得了新的第三义，即"神理"首先是客观事物或景物之神、之理，是天地间万事万物的内在本质、内在生命、运动趋势与联系。神理指的是世间万物的丰富多彩、神秘莫测、妙不可言的客观美，诗人在创作时要忠实于自己对审美对象的真切完整的审美观照经验，而不要去破坏这种审美观照经验。强调艺术家应该把审美对象作为一个完整的审美存在，生动、真实而完整地把握和表现。这种客观存在的自然美是形与神之间的一种联系，即形神兼备或超形得似，如《唐诗评选》

---

❶ （明）王夫之. 船山全书（第十四册）[M]. 长沙：岳麓书社，2011：687.
❷ （明）王夫之. 船山全书（第十四册）[M]. 长沙：岳麓书社，2011：753.

中称李白《春日独酌》"以庾、鲍写陶、弥有神理。'吾生独无依'偶然入感，前后不刻画求与此句为因缘，是又神化冥合，非以象取"。在《明诗评选》中评论杨慎《咏柳》"写神不写色"。"神理"还指艺术创作中被艺术家发现的富有独创性的形神之间、物我之间、情景之间以及意象之间的某种诗意的联系。

"以神理相取"是王夫之创作论的核心命题。在《夕堂永日绪论·内编》中有言："以神理相取，在远近之间，才着手便煞，一放手又飘忽去，如'物在人亡无见期'，捉煞了也；如宋人《咏河鲀》云：'春洲生荻芽，春岸飞杨花。'饶他有理，终是于河鲀没交涉。'青青河畔草'与'绵绵思远道'，何以相因依，相含吐？神理凑合时，自然洽得。"❶ 这段话说明了"以神理相取"的标准，"青青河畔草"是景之神韵，"绵绵思远道"是情之理，两句之间的联系就是神与理的交融，意象的生成也在这神理凑合之时产生了。因此，王夫之"以神理相取"是指在创作过程中，创作者发现的具有独创性的形神之间、主客之间、物我之间、情景之间以及意象之间的某种诗意的联系。"神理凑合"乃是指审美联系不是冥思苦想得来的，而是在创作者与审美对象之间的审美感兴中发现的，自然无痕迹。

"以神理相取"的最基本的含义就是艺术家在审美感性中审美地感知、把握客观之"形"与最能显示客观规律的"神"。此外还包括在物我之间、情景之间以及意象之间发现的某种联系，寻求某种"神理"。这种联系是远近之间、虚实相生、形神兼备、质实与空灵。以神理相取是一种审美的艺术创造论。艺术中的"神理"是作为一种"意中之神理"，即"在远近之间"，这里的远近并非两个单纯的物理空间概念，而是两个审美范畴，是于审美感兴中在形神之间、物我之间、情景之间以及意象之间发现并传达出的某种联系，这种艺术的传达是宛转屈伸、含蓄蕴藉、富有暗示性和包容性的。这里的"远"和"近"是作品中艺术形象给予欣赏者的审美感受，"近"指的是艺术形象鲜明逼真，如欧阳修所说："必能状难写之景，如在目前。""远"是指艺术形象所包含的创作者的情意深远，做到"含不尽之意，见于言外"。❷ 情寓景，这所抒发之情虽"远"而亦"近"，景中生情，则所写之

---

❶ （明）王夫之. 船山全书（第十五册）[M]. 长沙：岳麓书社，2011：823.
❷ 胡经之. 中国古典文艺学丛编·卷二 [M]. 北京：北京大学出版社，2001：142.

景虽"近"亦"远"。这是王夫之以神理相取之中,"近"与"远"的含义,此外他还要求塑造艺术形象时要把握"远、近"的分寸,作为审美对象的艺术形象要"近",才能荡人心魄,引起欣赏者的共鸣,但又不能一味求"近",使得艺术形象肤浅,观者必然弃之。真切的形象需要经过心的吐纳融入情意,才能"近而不浮",欣赏者才会欣赏。作品的艺术形象也要求"远",这种远对于创作者而言,是"使之者无极,闻之者动心"。[1] 欣赏者才能在艺术形象中联想到广阔天地,才能获得审美享受。"远"也不能过分,不能一味求远,晦涩难懂而让欣赏者难以领会。应当"远而不晦",深切的情意通过具象可懂的艺术形象来表达,欣赏者才能"执之有象"地获得。在远近之间相当于王夫之论势时所说的"唯谢康乐为能取势,宛转屈伸,以求尽其意"。因此,"以神理相取"也是王夫之取势论的另一种表述。艺术家通过运用特殊的艺术思维规律或审美规律在形神之间、物我之间、情景之间、远近之间、意象之间建立的某种联系。这说明王夫之对艺术思维与科学思维之间的区别有深刻认识,客观事物的本质或者规律是表现在事物之间的某种必然联系,但对于这种本质和规律的认识,"真理"只有一个,但"神理"并非某种只有一种解释或者排斥他解的唯一正确的必然联系,而是具有多义性的、富有艺术家个性色彩的。不同的艺术家可以发现各自领域中各不相同的神理,但科学家只能发现一个规律或本质。"以神理相取"作为一种审美的艺术思维不同于客观认知。王夫之情景论属于意象论范畴,以神理相取则是属于艺术理想论范畴。同时,"以神理相取"要求艺术传达时创造出一种"情景相融""在远近之间"的艺术境界。反对随意凑合的情与景,反对"意外设景""景外起意"。

"神理凑合"一词基于"以神理相取","神理凑合"是说艺术家在艺术构思或者创造活动中所发现或者建立的物我之间、情景之间以及意象之间的联系不是机械的、勉强的,而是十分自然、毫无斧凿痕迹的,因而是水乳交融浑然一体的。而以神理相取则是艺术家的"天巧偶发"的审美感兴,是在创造灵感勃发之时通过联想与想象,在意象之间产生审美升华,从而建立一个崭新的虚实相生、形神兼备的既有动态性又有规律性的艺术世界。这种神理凑合或者天巧偶发用现代心理美学术语来说,就是艺术家在灵感状态下或

---

[1] 郭绍虞,王文生. 中国历代文论选(一卷本)[M]. 上海:上海古籍出版社,2001:108.

某种无意识状态下的审美意象之间的组合和艺术的升华,并建立一种比单个意象更富有包孕性、多义性的艺术形态。

关于神理凑合的这个意思与王夫之情景论中的"现量"说或"心目"说也是吻合的。在王夫之看来优秀的艺术作品都是"神理凑合"的产物,神理凑合的审美瞬间往往也是审美观照、直觉、感兴、兴会的充满诗意的片刻。"以神理相取"或"神理凑合"都是达到了很高的艺术审美境界,"以神理相取"是艺术品的意境美、至境美、理想美、象外美的审美生成,在艺术表现过程中具有极其重要的特性,它与西方美学的异质同构说、距离说等美学理论也有理论上的相似性与可类比性。

第六节 审美意象说与意境论

在中国诗学史上,意象说的出现早于意境论。《礼记·乐记》中曰:"乐者,心之动也;声者,乐之象也。"刘勰在《文心雕龙·神思》中首次将"意象"用于诗学研究,谈到"独照之匠,窥意象而运斤"。

"意境"和"意象"并非同一概念,"意境"的内涵比"意象"丰富,"意象"的外延又大于"意境"。王夫之曾在《唐诗评选》对王维《观猎》的评语中谈到两者的区别,认为"即物深致,无细不章",这是"取象",创造的是一般的审美意象。"广摄四旁,圆中自显",这是"取境",也就是取之象外,创造的就是意境。根据前文对于"情景"说与"象外"说的探讨,能够明确王夫之的审美意象说是建立在情景论基础之上,而意境论则是"象外"说的延伸。艺术意象是艺术家对外界物象的一种内心观照与物态化表现,是艺术主题审美感兴与客观物象融合而形成的感性世界,是揭示本体问题、情景交融。而艺术意境则是通过意象的融合提升而形成的心境合一、虚实相生、形神兼备的艺术境界。意境之境比意象之象更加偏向于虚、空、灵、远。意象是意境的基础,意境是意象的升华。意境也是艺术作品对于自然景物的反映的最高成果。

具体而言,"意象"与"意境"二词在字面上的共性着眼于"意"字,王夫之在具体创作过程中,十分强调要"以意为主""意犹帅也,无帅之兵,谓之乌合"。这里的"意"是指寓意需要和主观情感相连。同时他在《唐诗评选》中言:"意至则事自恰合,与求事切题者,雅俗冰炭。"强调意要渗透在字里行间，意要伏在言外，有"言外之意"。指出"意"并非只是表现"一人、一事、一物"，还有更高更深的层次要求，就是"势"，在有意无意之中，敛纵得当，笔间有留势、止势，而作品"境语蕴藉，波势平远"。顺而不逆之"势"以其尺幅万里的审美张力、曲折回旋之感以及超以象外的力度，使"意"显得深远广大。"势，意中之神理也"，强调神理融入在意中。因此，在王夫之看来，"意"的意思需要包含形神情理的融合。

"意象"一词缘起于《周易》"立象以尽意"的命题，"意象"受老庄哲学中"无"的影响，后又受到唐代禅宗"境"的影响，以及魏晋玄学"言不尽意""得意忘象"等言论的影响，从而形成独特的审美范畴。唐代司空图有言："意象欲出，造化已奇。"（《二十四诗品》）明代王廷相说："诗贵意象透莹，不喜事实粘著，古谓水中之月，镜中之影，难以实求是也。"（《与郭价夫学士论诗书》）"言征实则寡余味也，情直致而难，动物也，故示以意象。"

叶朗先生在《王夫之的美学体系》一文中首先提出"王夫之的美学体系是以诗歌审美意象为中心的"。❶ 而后20世纪的王夫之诗学研究中都甚少提及"意象中心说"，或许和王夫之论著中没有明确的"意象"论有关。"意象"一词是中国古代美学思想的当代性转化，直到21世纪以来，越来越多的学者开始明确王夫之著作中隐含着"以意象为中心"，从而立足当下美学语境进行重新建构。王夫之的审美意象说是情景统一的意象说，是以情和景为构成要素，以兴会为生成手段，融合了创作者的审美情感或者审美体验的自然存在或想象中的自然画面，具有三个特点，一是融景生情、意伏象外的心理结构，融合着物象、情感和深刻的理性内容的复杂心理表象。情景交融形成"象"，"象"构成作品的深刻意蕴，而"意"只要潜心涵咏玩索，自然能够心领神会，得其所味。因此，审美意象可谓是"亦理亦情亦趣，逶迤而下，多取象外，不失圜中"。❷ 二是审美意象的心理特征是在有意无意之间产生的。即王夫之《古诗评选》中所言："寄意在有无之间，慷慨之中自多蕴藉。"❸ "兴在有意无意之间"，审美意象按照情感逻辑，符合生活逻辑，升华

---

❶ 叶朗. 中国美学史大纲 [M]. 上海：上海人民出版社，1985：453.
❷ （明）王夫之. 船山全书（第十四册）[M]. 长沙：岳麓书社，2011：737.
❸ （明）王夫之. 船山全书（第十四册）[M]. 长沙：岳麓书社，2011：783.

情感逻辑,并反映生活逻辑与认识逻辑。三是审美意象的生成伴随着文思如涌的灵感涌动。

因此可以总结出王夫之审美意象说的三个内涵:第一,情景交融,这是意象生成的基础。即王夫之所言"情景名为二,而实不可离",❶ 情不虚景,情皆可景,景非虚景,景总含情,才能构成审美意象。❷ 王夫之认为,审美意象就是情与景的内在统一。如果意象是艺术的本体,那么情与景的关系论则是意象发展的组成部分,理论表述和创作实际均以意象为中心而得到统一。第二,除了情景关系论,现量说也是对意象的论述与阐明。意象是生成的,带有创造性的、真实的、多义的、独创的,即王夫之所说的"如所存而显之""显现真实"。第三,意象的效果"动人无际"❸,即能够感动人,提升人,美感即审美体验式创造一个充满意蕴的感性世界,即"华奕照耀,动人无际"。

以意象为中心,王夫之著作中的"情与景""意与势""兴观群怨""兴会""现量""神理""意境"等内容,均能够自然贯穿起来。王夫之认为意象是一个有机整体,是自然而成的,即是"即目即事,本木为类",从审美鉴赏的角度来看,是"自然一时之中寓目同感",体会情景交融的意境。同时,王夫之认为意象具有多义性,在《唐诗评选》卷四中对杨巨源《长安春游》的评语中谈道:"只平叙去,可以广通诸情。故曰:'诗无达志'。"说明审美意象有着宽泛性和不确定性,也为意境开创了更为广阔的空间。

意境,也是中国传统美学的范畴,意境表现是主观情思与客观景象的互相渗透、交融,是心物、情景、意象高度统一的审美结晶。在古典美学之中,文艺批评常用神境、圣境、妙境、奇境、实境、虚境、极境等作探讨之用。"境""境界"最早出自佛教用语,如《俱合诵疏》中言:"心之所游履攀援者故称为境。"《成唯识论》:"觉通如来尽佛境界。"而最早意境论是可以追溯至老庄,《老子》:"大音希声,大象无形。"以道为大美,以无为大美。《庄子·外物》中提出"得意而忘言"。言是意的载体。至唐代,引入艺术之中,专门指艺术境界的重要范畴,如王昌龄《诗格》中正式提出意

---

❶ (明)王夫之. 船山全书(第十五册)[M]. 长沙:岳麓书社,2011:824.
❷ 叶朗. 美学原理[M]. 北京:北京大学出版社,2009:55.
❸ (明)王夫之. 船山全书(第十四册)[M]. 长沙:岳麓书社,2011:752.

境，将境分为三种，即物境、情境、意境。意境是其一，即"亦张之于意而思之于心，则得其真矣"。❶ 唐代诗人皎然的《诗式》论取境："取境之时，须至难，至险，始见奇句"；晚唐诗论家司空图《二十四诗品》专列《实境》一品指出其特征是："情性所至，妙不自寻。遇之自天，泠然希音"；而刘禹锡提出意境美学本质是"境生于象外"。❷ 宋明时期，意境关系突出表现为情景关系，谈到情景互动、情景交融，但并未提及如何交融来营造意境。明清时期，意境理论才在文艺作品中普遍运用，如江盈科评白居易诗："诗之境界，到白公不知开扩多少"（《雪涛诗评》），清人叶燮评苏轼诗："其境界皆开辟古今之所未有"（《原诗》）。明清之际的王夫之深知意境的艺术含义是由其本质特征所决定，因此十分重视对意境的本质特征研究。可以说中国传统意境论发展的高峰充分表现在王夫之美学对意境的完美总结之中。王夫之在很多诗论著作中提到了"意境"的内核，但他并非谈及"意境"一词，而是称为"妙境""圣境""化境""境界""境"等术语。在《古诗评选》等诗学著作中，王夫之运用"境""境界""离境""佳境""至境""圣境"和"绝境"等术语评诗达10余次。王夫之在《相宗络索》中谈到的境、实境、内境则是就佛教而言。但王夫之创新的在意境的各个层次构成上以情景关系为纲对其进行解释。

其一，王夫之谈道："天人之蕴，一气而已。"❸ 意境即天人一气、物我交融的境界，情景与意境都是天地之间的产物。"情者，阴阳之几也；物者，天地之产也。阴阳之几动于心，天地之产应于外。故外有其物，内可有其情矣；内有其情，外必有其物矣。"❹

其二，情景合一的形象特征。黑格尔有言："在艺术里，感性的东西是经过心灵化了，而心灵的东西也借感性化而显现出来了。"正因为有这种必然的相感关系，所以内在的情感必然有与之联系的外物得到呈现，而外物也必然有与之相应的情感共鸣。故王夫之说："关情者景，自与情相为珀芥也。情景虽有在心在物之分。而景生情，情生景，哀乐之触，荣悴之迎，互藏其

---

❶ 叶朗. 中国美学史大纲 [M]. 上海：上海人民出版社，1985：267.
❷ （唐）刘禹锡. 刘禹锡集（上册）[M]. 北京：中华书局，1990：238.
❸ （明）王夫之. 船山全书（第六册）[M]. 长沙：岳麓书社，2011：1054.
❹ （明）王夫之. 船山全书（第三册）[M]. 长沙：岳麓书社，2011：323.

宅。天情物理，可哀而可乐，用之无穷，流而不滞，穷且滞者不知尔。"❶"夫景以情合，情以景生，初不相离，唯意所适，截分两橛，则情不足兴，而景非其景。"❷

其三，王夫之认为在意境的创造过程中，艺术创作者的主观情感与想象或者幻想两两交织而构成新的景物，就是意境，这是创作者"心丝分缕"加工成的新景，即《古诗评选》卷五中言："言情则于往来动止缥缈有无之中，得灵蠁而执之有象，取景则于击目经心丝分缕合之际，貌固有而言之不欺。"而这个心景是建立在客观景物基础之上的，即"貌固有而言之不欺"。因而王夫之强调在意境的创造过程中，主观情感的重要作用，并提出"情之所至，诗无不至，诗之所至，情以之至"。"一往动人，而不入流俗，声情胜也。"真情才能铸就真境。这也是强调景对于情的决定性作用。而要获得真境作景语，则需要作者亲身体验观察，要多"阅物""身之所历，目之所见"，才是创作的前提。若是"极写大景，如'阴晴众壑殊'，'乾坤日夜浮'亦必不逾此限。非按舆地图便可云'平野入青徐也'，抑登楼所见者耳"。（《姜斋诗话》）

可见，王夫之对于情景二者关系的论述十分精辟，而且对意境创造主客观两个方面有明确的论点，情景关系是构成意境最本质的矛盾统一体。情与景各属于主观的心灵与客观的物象，而两者又共同构成意境的整体。例如，王夫之评李白《子夜吴歌》中"长安一片月，万户捣衣声。秋风吹不尽，总是玉关情"。言其是天壤间生成的好句。王夫之认为"写景至处，但令与心目不相睽离，则无穷之情正从此生"。❸ "景中情"说明了意境表现出来的无穷之情是具体的景象之蕴涵生发而出，"情中景"是"景中情"的审美深化，以主体的审美心灵去观照外物，以情去表现外物，主体之情思移入客观之景中，让主客体完美交融在意境之中。情中景，人情与物景才可能交融出一片无尽的境界，也就是王夫之提倡的"景中生情，情中含景，故曰景者情之景，情者景之情也"。"情景一合，自得妙语。"❹

其四，"以小景传大景之神"的境界特质。在王夫之的诗论中倡导"神

---

❶（明）王夫之. 船山全书（第十五册）[M]. 长沙：岳麓书社，2011：814.
❷（明）王夫之. 船山全书（第十五册）[M]. 长沙：岳麓书社，2011：826.
❸（明）王夫之. 船山全书（第十四册）[M]. 长沙：岳麓书社，2011：749.
❹（明）王夫之. 船山全书（第十四册）[M]. 长沙：岳麓书社，2011：1083，1434.

韵",曾指出"以追光蹑影之笔,写通天尽人之怀",这是其最高理想,也达到了"以小景传大景之神"的境界。❶ 王夫之对于意境十分推崇,因此它主张"脱形写影""神寄影中"。如《古诗评选》中赞扬阮籍《咏怀》一诗"字后言前,眉端吻外,有无尽藏之怀,会人循声测影而得之"。"令人循声测影而得之",这样的审美意象就是"意境"。王夫之评何逊《苑中见美人》:"借影脱胎,借写活色",写出了美人的活色。王夫之常常从这个角度谈意境的创造。同时王夫之又强调虚实结合、不即不离的意境必须在直接的审美感兴中获得,即"以神理相取,在远近之间"。这是对意境的描绘,要有虚有实,不即不离才得意境。在艺术鉴赏上,王夫之主张"妙悟","妙悟"一词最早出自《涅槃无名论》,即超越寻常的、极具聪慧的悟性和觉悟。王夫之的诗论中则将妙悟转换成超常的审美感悟能力来理解,也是强调审美者需要提高审美感悟能力才能领悟到艺术作品的意境美。

综上,王夫之的意境论至少提出三个基本规定,其一,境以人显,是心物交感的产物。在他看来"天地之化,天地之德,本无垠鄂唯人显之"(《读四书大全说》卷五),人在经心即目的情境后会通天地万物之理,艺术创作者才能巧妙地取景造境,境非一般的耳目见闻,而是灵心独照的产物。其二,意境是人生境遇的写照,并指出王子敬作草书以一笔为妙境。其三,写现境,当境而作。"现境"与"当境"同义,即"当时所处之现境"。(《读四书大全说》卷五)

王夫之美学思想体系的著述完成于晚年,作为唯物主义、理性主义美学家和儒家美学传人,充分吸收和批判性继承前人的丰富理论遗产,以诗词审美意象为中心,构建具有生命美学意味的美学体系,从气本体论出发,认为天地万物都是阴阳二气交感之产物,其运用到艺术创作的审美主客体之中,说明人的内在情思和外周物理之间存在着审美共通性。因此,艺术创作追求的意境也正是天人合一的境界,同时也提出审美意象具有"审美气韵"说、"审美情景"说、"审美势意"说三个特点。气韵是艺术家体验生活的基本态度,拥抱生命又超越生命,形成作品内在生命源泉。情景则是艺术家构建审美意象的结构框架,"即景会心""因景因情、自然灵妙""从容涵咏,自然生其意象"。势意则是艺术家在创造审美意象时,以赋予审美生命

---

❶ 陶水平. 船山诗学研究[M]. 北京:中国社会科学出版社,2001:362,463.

张力的方式去展现作品生命内容,"以意为主,势次之。势者,意中之神理也"。"势"作为极具生命张力的艺术动态格局态势,在梦境的审美意象创造中,具有强烈的审美包容性,即"墨气四射,四表无穷,无字处皆其意也"。

王夫之对审美意象说和意境论的总结性认识,对意境论结构层次的深入研究以及对主观情思和客观景象的全面概括,无限拓展了中国古典美学意境论和意象说,启迪了当代美学的发展,对美学研究具有理论价值和借鉴作用。

第二章　王夫之美学中的传统画学哲理

　　明清时期的唯物主义哲学家、思想家、史学家王夫之在中国近古的思想史上有着重要地位，他作为近代湘学代表人物，在中国古代文艺思想发展史上有着继往开来、承上启下的作用。其美学思想蕴含于他的诗学、文学、史学等庞大的思想理论体系之中，并以儒学为宗，吸收孔孟儒家美学思想的精华，批判继承了道教与佛家美学的合理部分，是中国古典美学史上集大成者。他治学领域广泛、学识渊博，对诸多问题均有深入的思考与独到的见解，善于博采众家之所长，在其众多诗论中善于旁征博引，善用书画、音乐、舞蹈来引论对照，获取妙理。其所建立的美学体系不仅是古代诗学理论的重要组成部分，也与古代画学之道有着内在联系。除了叶朗等少数美学研究学者外，许多学者对于王夫之思想体系的研究多限于史学、文学等领域，对他的美学理论却少有关注。尽管王夫之的美学思想主要集中于《姜斋诗话》《古诗评选》《唐诗评选》《明诗评选》等诗论著作中，但正如宋代苏轼题画诗《书鄢陵王主簿所画折枝二首》中提到："诗画本一律，天工与清新。"❶ 诗画同理，诗与画两者虽表现形式相异，但从深层次的本质上却具有共识性，精神有着共通性，诗学与画学也可以互参互见。苏轼曾在《东坡题跋》中有言："味摩诘之诗，诗中有画；观摩诘之画，画中有诗。"诗歌以"言志""缘情"为要义，情与景、形与神、意与象构成诗中意境。

　　王夫之在诗论著作中融汇古代画学之道，其"天人合一"、"神理"论、"象外"说等诗论思想与古代画学之间有着密切的联系，在中国传统画论中，也强调形神兼备、情景交融、天人合一。儒家思想中认为"天"具有道德属性，即"人道"，而道家注重的"天道"是人与自然合一。总的来说就是个人与宇宙同一，个体的我与客观世界的物相互统一，❷ 追求象外之意

---

❶ 王韶华. 中国古代"诗画一律"论 [M]. 北京：中国文史出版社，2013：10.
❷ 周积寅. 中国历代画论 [M]. 南京：江苏美术出版社，2013：21-22.

等，并运用于人物品评、景物描写、艺术作品评论中，成为中国画最具民族特色的审美准则，因而王夫之美学思想蕴含了古典诗歌艺术与传统绘画艺术所共同追求的审美旨趣。本章对王夫之美学中的画学哲理进行探究，这不仅为研究中国传统绘画的发展提供了丰富的理论基础，也为现代艺术创作提供了养分，对当下构建现代美学具有重要意义。

第一节　王夫之美学中的画学内涵

王夫之对于传统画学内涵是有独特见解的，对画理也有个人的领悟，曾言："余于画理，如痖人食饱，心知而言不能及。"❶ 并在诗论著作中频繁引用画论和书论，诗画类比，遵循诗画本一律的观点，在其文学理论著作中蕴含深厚的画理内涵，并探索绘画艺术与文学理论在艺术精神上的一致性。若将其美学思想中的画学哲理与画学内涵总结归纳出来，对研究中国古典美学与画论、诗论异同之处等方面具有相当重要的意义。

一、美学公式——以神理相取，在远近之间

《姜斋诗话》中谈道："以神理相取，在远近之间。"这是王夫之美学思想中最重要的美学公式，运用了画学中的观点，对艺术创作中构思、表达、语言等方面进行阐述。神理是古典美学的重要范畴之一，神理在王夫之诗学著作中是一个较为成熟的术语。

"神"与"理"是中国美学思想中的传统范畴，也是王夫之美学思想中的一个重要命题。在王夫之以前的中国美学思想中，"神"与"理"很少相提并论，在内涵上也带有某些对立的因素，但"神"与"理"在画学思想中均有论述，如顾恺之的"传神写照""以形写神"，宗炳的"应会感神"，苏轼的"论画以形似，见与儿童邻……边鸾雀写生，赵昌花传神"，皆是画论中的著名论述，"神"成为艺术创作和欣赏的重要标准。"理"在宋代画学时期强调以理学思想来"格物求真"。宋代画学中运用理学思想强调"格物求真"。在实际创作中，我们能够看到一些深沉且富有灵性的创作充满着"理"

---

❶ （明）王夫之. 王船山诗文集［M］. 北京：中华书局，2012：480.

的神妙，王夫之将"理"与"神"结合，提出"神理"论，认为创作和审美要"以神理相取""神理凑合"时就会自然恰得，认为"穷物理"不是揭示事物的一般属性，而是在意象的具体创造中呈现个性，即一事一物的独特性、真实性。创作应该"穷物理""尽思理"，且超于象外。❶ 他反对进行毫无关联的生拉硬扯，物象和意象要有思理上的内在联系。这与古代画学思想具有共通性与共识性，两者紧密相连。

"理"是外部物理与内部情感的统一，"神"是理所产生变化的体现。"神"是对超乎形上的事物的内在精神、心灵的体现。不仅是客体之神，还是主体之神。在艺术创作落笔之前，意象性的设定与思考便已经开始了，作品中的"神"便已经存在。王夫之提到面对景物产生感情存于心中，体会物象才能得到神之所感，深入生活体会事物的物理与才情，并获得艺术感悟，注重体物得神的实践。当"神理"组成一个词时，是指客观事物或者景物的神、景物的理，是天地万物内在的本质、生命与联系。既是一种客观事物丰富多彩、不可妙言的美，也是需要创作者忠于自己的审美观照经验。以神理相取，需要创作者在审美感性中把握客观形态、感知并体现客观物象具有规律的神，同时把握物我之间、情景与意象之间的联系，以神理相取是要有情景相融、虚实相生的境界。王夫之在评杜甫《废畦》一诗时，用绘画举例：绘画以笔锋的墨气十足来表现神理之感，笔墨中没有物象和艺术感悟，则描绘出来的画作更加无物了。苏轼在《净因院画记》中提到论画，人物、鸟禽、宫室与器具等都是有具体形体的，但山石、树木、水波与烟云是没有具体形态的，但是有常见的物理规律，常见的形体缺失，一般人都能看出来，但常理缺失有时绘画者自己也不知晓。这里提到"常形"和"常理"的概念，即有形体的物体画工能够画好，但无形体的物体，需要了解物象的外周物理，得起神理之感，通过外在物象表现内在精神，是很难的。如果不明"常理"，则绘画作品是失败的。

王夫之的"以神理相取"是要创造出情景交融、远近之间、虚实相生、有无相生、韵味无穷的艺术意境与艺术理想。这与绘画艺术创作中的远近、虚实、形神、意象、质实和空灵等关系问题一脉相承。同时还包含了两对美学范畴：情理与思维、才情与物理，"神理"的美学内涵首先是情与理的融

---

❶ 杨家友. 船山诗学的"势"论 [J]. 船山学刊, 2003 (1)：22-25, 38.

合与相因相得。其次是指艺术作品中的"理"超以象外，广远精微，与天地宇宙相同，流动而充满生命的动感，以触物感兴的方式，在与自然、社会的随机感遇中升华而出，而这也是一种创作思维的体现。王夫之所言的"神理"是"内极才情，外周物理"，是客观外物与艺术创作者审美意识的交融统一中流露的独特情思，是物我交融、"妙合无垠"的审美境界。

二、神理凑合，自然恰得

"神理"的主要特征是各种情语和景语之间的微妙关系、意象的取舍关系与意象的组织。"神理凑合，自然恰得"出自王夫之《夕堂永日绪论·内编》，"神理凑合"就是情与景的融合，而这种融合是一种动态的融合。这种融合不是机械、勉强的，而是浑然天成的水乳交融。神理凑合的审美瞬间是在审美感兴、直觉中产生的，是一种意境美和象外美的审美表现。正如王夫之所评王维的诗，是诗中有画，画中有诗。在中国画中也强调画中体现诗之意境。景与情之间的妙合关系，体现的是审美主体之情与客体之景融合为一的审美实境，在情景间"神理"的绝妙契合。"落笔之先，匠意之始，有不可知者存焉"，其"不可知"便是"神"。

王夫之认为创作者在构思与艺术创造过程中建立的情景联系是十分自然的，是怡然自得的，而这种偶发的艺术灵感稍瞬即逝，即"天籁之发，因于俄顷"，故而艺术创作者要善于捕捉突如其来、发自内心的艺术灵感，抓住稍瞬即逝的灵感，便是"神理凑合"，这点与王夫之"现量说"和"心目所取"是相吻合的。观画学之道，其中国传统画学理论中同样如此，画家布颜图曾在《画学心法问答》有言："山水不出笔墨情景，情景者境界也。"艺术家在审美过程中触景生情，内心主观情感对客观景物进行感知，中国画透过描绘景物营造意境，对山川树木、烟云泉石、花鸟丛林等进行联想，以此表达情感，也要求笔与墨合、心与物合，情景互生、情景交融。

三、会景而生心，体物而得神

王夫之对古代画论中的"以形写神"进行继承与发展，提出"体物而得神"。他认为人与物皆有"神"，生活中的事件也有"神"，而体物是得神的前提，神似是需要从心出发，深入生活，观察对象特征，欣赏者在体物而得神时要融入对事物的感悟之中，才能传神写照。这个观点与古代画学中强调的"度物象而取其真"❶和"立万象于胸怀"类似，即中国画追求着眼于整个自然，寻求自然的本真与物象的内在生命力，做到胸中有丘壑，如《宣和画谱》中有言："……万里之远，可得之于咫尺之间，其非胸中有丘壑，"明代画家董其昌提出"朝起看云气变幻，可收入笔端"。明末清初画家恽南田认为绘画需要注重"元真气象"，归复生命的本真。这里并不单纯指描绘对象时的写实与真实，而是如同中国画中的写意之道，妙在似与不似之间的统一，即王夫之《古诗评选》中言"取神似于离合之间"。王夫之注重体物得神的实践，在体物时融入对事物的感悟，注重体物得神的实践。即体物是得神的前提，神似需要从心出发，深入生活，观察对象特征，欣赏者在体物而得神时要融入对事物的感悟之中。如前文中谈到的他以绘画举例："譬如画者，固以笔锋墨气曲尽神理，乃有笔墨而无物体，则更无物矣。"以画论诗，其"正以神形合一，得神于形而形无非神者"，这就如同画者"固以笔锋墨气曲尽神理"。诗画本一律，诗人咏物与画者作画一般，所描绘的景物不仅需要生动逼真，还要探求事物内在本质生命意态，如此才能传神写照，获取审美张力的"神理"。反之，只追求细致描摹物象形态，是仅有笔墨而无物体，更不用说神似了。同时他还谈到："神化冥合，非以象取神"，即艺术创作需要化虚为实、寄有于无。

四、势，意中之神理

因"势"，艺术作品有广远而微至的自由生命形式。王夫之谈道："以意为主，势次之，势，意中之神理"，"势"是主客体之间融合中流露出的意境与意趣，乃主客浑融的境界中自然流露出的独特意趣和神思，"势"具有一种动态性质，是一种审美张力。因"势"，艺术作品得到神理，有着自由广阔的生命。王夫之认为"势"是呈现"神理"的最重要方式，势与意联系紧密，创作者是从流变的客观事物中选取最真实情意的部分作为"意"的载体，在完成后形成"势"的运动态势。因为"势"，艺术作品而成为"广远而微至"的自由生命形式。"势"的生动性、含蓄性、自然性、动态性等特

---

❶ 周积寅. 中国历代画论 [M]. 南京：江苏美术出版社，2013：257.

征与古代画学和画论思想有着一定的联系。王夫之曾以绘画为例，表述如何取势，谈到绘画中常提到咫尺之间有万里之势，笔墨意趣表露无遗，在没有物象的地方也能体现其中的意境。"势"是一种言简意赅而有包孕空间，让欣赏者有巨大想象的艺术境界美，"势"的生动性、含蓄性、自然性、动态性与古代传统画学有着一定的联系。画学著作中常强调"势"的重要性，如明代赵左《画学心印》中言："画山水大幅，务以得势为主。"荆浩有言山水的意象，是气与势相生相得的产物。《芥子园画谱》中也提到画花卉要以得到势为作画的主要内容。在中国传统绘画中，"势"是章法的意思，也有布局之理，是笔墨运用之旨。画学讲究"经营位置"，这也是南齐谢赫六法之一，即画家在置陈布势时不是随意而为之，而是在研究客观物象之理和得到审美感兴后，经过主观创造而形成的咫尺万里之观感。

五、景以情合，情以景生

"情"与"景"是重要的一对艺术审美范畴，在中国传统美学范畴中，起初情与景各自独立，魏晋以前，"情"仅仅指生理情感与伦理情感。发展至魏晋时期，情开始进入审美范畴，即缘情论的创立。景在汉代以前是指光亮，至魏晋时期才有自然风景的意思，至唐代时出现在文学作品中的山水景物描写，在宋代情景开始结合，形成情景交融主张，在明清时期，王夫之笔下，景则成为一切客观存在，成为视象中的山水景物。

在王夫之的美学思想中，情与景是融合统一的，"情"是性之情，情与景的关系中，"景"为情服务，也就是"景以情合"，"景"从属于"情"，"景"不能脱离情而存在，否则"景"成了虚景。"情以景生"，即"情"不能脱离"景"，否则"情"也成了"虚情"。如王夫之评谢灵运的诗句并谈到情不能是虚情，情能够体现景，景不能是虚景，景中往往能蕴含情。可以看出王夫之认为情景内在统一才能创作出艺术作品。同时，他还认为，情景虽然为两个名词，但其实是不可分离的，神对于诗歌而言，妙合无垠。好的诗歌是情中有景、景中有情、情景相融的境界，如果达到紧密结合而无痕迹，则是最高的境界了。同时，王夫之强调，情景是同时出现的，景因为情而融合在一起，情因为景而生成，初始之际两者便不能相离。

在中国传统绘画艺术中也强调情景交融，也是一幅作品是否成功的关键因素。情的产生并创作于艺术作品中，则需要景的融合，也就是艺术家在"对景"后产生情感，从而融入艺术创作之中，有感而作。艺术家将自己内心情感融入画中，这便是情景互相融合。艺术创作中情与景和谐统一，情是蕴含在艺术创作中的情感，绘画艺术的呈现是表现"情"的一种形式。如古代画论著作王微《叙画》中谈到望见秋云，神采飞扬，面对春风思绪昂然……如果将这种情绪运用于手指之间，那便是神明降临，这便是画之情。王微所说的这种绘画状态就是见景生情，画景以寄情。《芥舟学画编》中言："笔墨之道，本乎性情。"郑板桥题画文《竹》中也有谈到"胸中之竹""手中之竹"，这些都是对"眼中之竹"这一感性表象进行加工后形成的一种意象，产生一种情感化的景物，因而才从"胸中之竹"转为画纸上的"手中之竹"。情景不可分，相互依存的关系在传统画学中也有体现。宗白华也谈到创造艺术意境就是将客观的景物作为创作者主观情思的象征。

因此，艺术透过描绘景物营造意境以表达情感，要求笔与墨合，心与物合，情与景合，情景互生，情景交融。以神理相取，远近之间。艺术要创造出远近之间、虚实相生、有无相生的意境。

六、身之所历，目之所见

王夫之《姜斋诗话》中有言："身之所历，目之所见，是铁门限。"这里就是强调景的"真"，强调直觉的第一性。"身之所历，目之所见"的是实景，可以分为：一是客观物象，这是审美对象，也是审美基础。二是审美认识，是对客观物象的直觉认识。王夫之认为艺术创作要具有纪实性和现实性。同时又不能只是照搬客观景象，依葫芦画瓢的展现身之所历和目之所见，是创作的限制与大忌。

传统画学中也强调写实性、切身的感受以及丰富的生活积累，同时也强调客观物象的转化。如唐代画家张璪所提出的艺术创作理论"外师造化，中得心源"。即绘画创作的灵感源于大自然的物象规律，但自然界的美并不能自我转化为艺术之美，艺术家将自己内心情思与构设融入艺术创作中，从而形成艺术作品。艺术家内心的感悟也是来自外部大自然的景物，依旧是实景，但有了艺术家将内心情感进行转化，才能融入创作中。如苏东坡论绘画作品追求形似，就真是儿童的见识了，儿童对于物象的第一感官便是形象相似与否，即强调作画不能以形似而论，追求以形写神的境界，当求画外之意。

第二节　画学哲理中的本体论

诗画同源，中国古代美学论著中常谈到诗画本一律，画中有诗，诗中有画的特点，诗为有声的画，画为无声的诗，诗论与画论也有相互联系、相互渗透之处。

从创作论来看，诗画皆为艺术家对现实物象的审美观照、立象以尽意、观物取象、即景生情、观物思情。"诗歌产生于情感的抒发，情感产生于人心对外物的感动"，即诗歌能言志传情。绘画要求"师法自然""外师造化，中得心源"（张璪《绘境》）、"身即山川而取之"（郭熙《林泉高致》），绘画要置身于自然之间感受山水之乐趣，直接观照才能够融情传理，诗与画有声与无声之间，有形与无形之间，两者均是对客观物理世界的情感与理性的再现，画境与诗境也在多个美学范畴中取得一致性，达到境生象外。

从本体论角度来看，诗画均是以情为本，"诗缘情而绮靡"（陆机《文赋》），诗歌乃是创作者情感的表现内容和对象，"情动为志"。绘画强调"心"是画之"源"，"意存笔先"（张彦远《历代名画记》），艺术作品是创作者思想情感的载体，情意是在画面中居于重要地位的。可见古代诗画创作从本体论角度而言，均是创作者情志的体现与物质载体，融入情感的作品才能引起观者共鸣，产生审美冲动。

从审美特征论来看，诗画的艺术样式，诗画均给人不同的审美感受，但都要求意境展现。诗歌中将意境作为重要的美学范畴，意境是审美意象与人类情感的统一境界。情与景的互生，有我之境与无我之境的审美标准，均是意境展现宇宙本体与精神的体现。绘画中也强调意象、情景、虚实的统一。审美的心胸中融入画家对物象观照后产生的审美情感，从而形成意境。同时"画中有诗，诗中有画"观点的提出，也是强调画中要有诗歌的情感与意志，画中有诗意。诗歌要有画的生动、形象与审美冲击力，诗中有画意。

自苏轼提出诗画一律观后，逐渐成为中国诗画关系的主调，宋代文人墨客无不注意诗画互补共通的关系，诗情进入画境，画意引入诗情，成为文人表情达意的手段。这种诗画合一的观点其实是中国"天人合一"思想的延续，中国古代艺术观多是建立在"心物感应论"之上的，创作主体与客体的自然感应，主体以心灵去映射万象，用心灵去融合宇宙的生命律动和真美。

王夫之赞同苏轼"诗画本一律"的观点，曾言："家辋川诗中有画，画中有诗，此二者同一风味，故得水乳交融调和，俱是造未造、化未化之前，因现量而出之。一觅巴鼻，鹞子即过新罗国去矣。"❶ 也谈到书法与诗歌也一律，诗书礼乐等审美形式都是审美主体内在情感与物质载体的"妙合"，并遵循"妙合"的规律，即"字各有形，不相因仍，尚以一笔为妙境，何况诗文本相承递邪？"❷

因而，在中国古典艺术与传统美学观念中，中国古代诗论与画论一直密不可分，相通互渗、诗画相通，两者关系尤为紧密，在美感模式、表现方式、情景问题等多处均有可通之处。本书从创作论、本体论、美学特征等多个方面对相关画学论题进行阐述，讨论王夫之美学与传统画论的相互关系和内在联系，多角度、多元化探究王夫之美学中的画学哲理，体现出诗画创作之关联性，此研究能够让两者互相交融渗透，丰富中国传统文化的研究维度，并结合当下现状对传统美学与湘学创新性发展提供理论支撑与应用路径，对当下的研究具有较高的艺术价值。

王夫之美学中本体论范畴包含本体、关系、属性三大类，即气、太虚、阴阳、绁缊等抽象概念；体用、道器、理气等多种关系；动静、神化等各种属性。本节将从意象、神理、现量、情景、象外等美学范畴综合分析王夫之美学中本体论，挖掘其中的画学哲理与美学内涵。

一、意象范畴的本体论

（一）气本体论——气韵生动

"气"本体论，在《左传》和《国语》等古籍中，从阴阳二气的交感运动或者六气运动来解释世界上的一切现象，这规定了中国哲学气范畴和气论思想发展的基本方向，对中国哲学气范畴和气论思想的发展产生了深刻而持久的影响。从美学角度来看，气就是艺术形象或者审美意象的哲学依据，

---

❶ （明）王夫之. 船山全书（第十五册）[M]. 长沙：岳麓书社，2011：652.
❷ （明）王夫之，戴鸿森笺注. 姜斋诗话 [M]. 北京：人民文学出版社，1981：87.

"象"乃"气"的美学表征。在中国美学中,书画、诗歌等一气运化,其本体为"气",而所表征的审美风格、感性形式和审美功能,都与王夫之所言的"阴阳、声色、性情、刚柔"有着直接关系。"气"为"象"之基础,"象"为"气"之外化。在王夫之"文以意为主"的命题中,强调以文意代替文气,气来体现物象的实体,也体现人的精神情感,比较宽泛。

王夫之美学受到其哲学思想的影响,推崇张载提出的气本体论,认为世界是一种由物质形态的气所构成的。世界上一切有形的物体和无形的虚空,均属于"气"的存在样态,本质上都是气所构成的。因此,世界的本原是气,王夫之继承并发展了这一说法,从道器、理气以及絪缊化生等方面予以创造性发展,提出了"一气之中,二端既肇,摩之荡之而变化无穷"。[1](《张子正蒙注·太和篇》)他认为构成世界本原的气蕴含着阴阳,因此是不断化生化合的絪缊体。絪缊既是万物化生的起始,也是万物化生的归宿,絪缊化生的物质世界就是一个气化的世界,这一气化的世界是阴阳两气相互形成的。王夫之的气本体论有着唯物主义的因素,也是朴素唯物主义与朴素辩证法思想的结合。他认为"阴阳异撰,而其絪缊于太虚之中","太虚"指的是无限的时间和空间,"絪缊"是形容元气本体所包含着的运动变化的生机。王夫之认为正是阴阳二气的不同功能及其相互作用,才使"太虚"充满了生机。不仅太虚本体是对立面的统一,自然界和人类社会中的一切事物都处在这种对立统一之中。太虚是气化成为万物的一个阶段,这个阶段也可以被称为"太和",在太和之中具有阴阳二气,阴阳二气交感,或静或动的摩荡作用体现出生生不息的生命状态。

"意象"论中絪缊之气、阴阳二气等观点与画论中气韵生动、阴阳相生、贯通一气一脉相承。"神理"可作为阴阳二气运行聚散的奥妙、道理或规律,王夫之《张子正蒙注·太和篇》中提到"神者非他,二气清通之理也"。在古代画学也强调"气韵生动""阴阳相生""贯通一气",认为艺术传达的是"生气",是体现自然物象的精神和神动,如南齐谢赫《古画品录》提出六法,把"气韵生动"放在首位,推崇生命运动之"气"的节奏与韵律。

(二) 时空意识——天人之蕴,一气而已

王夫之的艺术本体论是以其哲学理论为基础的,其"气"本体论的哲学

---

[1] (明)王夫之. 船山全书(第十二册)[M]. 长沙:岳麓书社,2011:42.

思想，把"气"看作是一切的基础，"气"是宇宙的本体，是万物一体的宇宙生命之本源，是审美与艺术的本体。气乃是世界之本源存在，意象表达了生命的审美状态。"絪缊而化生"是指阴阳具定的本体由二气交互运动而化生万物。"气"是中国人观照世界的一种特殊方式，把世界看成是周转不息的宇宙，把烟云与气的观察和人体气息、血脉流通融入"气"的生命观念之中，融入中国传统文化之中。人与自然的感应关系，孕育出"天人合一"的观念。天地间的奔流不息代表着气的生命律动，一虚一实皆为气的形式与气之聚散之物，虚实相往复的过程就是气之生化过程，这一来一往也是生命循环形态，体现了中国文化精神所在。

  同时，王夫之的"天人之蕴，一气而已"还体现出他的艺术本体时空观念。王夫之美学是统一的有延续性理论思维的表现，这种思维又体现出王夫之美学的时空意识。如晚清文学家王闿运在《湘绮楼说诗》中说："看船山诗话，甚低子建，可云有胆；然知其诗境不能高也，不离乎空灵妙寂而已。"可见，这种空灵妙寂呈现出感性形象依靠作品语言与主体情思所营造的想象空间与意蕴深厚之境，其境界在时间、空间维度得到拓展。王夫之美学依托形象构建的传统，以时空化的过程来营造与构建艺术作品中的形象，独具新意。这种时空意识离不开形象与思维方式的关联性、"气"与"势"的空间与时空表现。首先，形象思维在中国古代早有关注，如先秦时期便有兴观群怨、诗言志、赋比兴、言不尽意的说法，都从不同角度阐释形象思维的特点，奠定后世研究形象思维的基础。魏晋时期，玄学的兴起，使得关于"形"与"神"、"意"与"象"的讨论成为社会风尚，如范缜在《神灭论》中曾言："形存则神存，形谢则神灭""形之与神不得相异"。王弼曾言："得意在忘象，得象在忘言。故立象以尽意，而象可忘也。"（《周易略例·明象章》）。陆机《文赋》中言："笼天地于形内，挫万物于笔端。"钟嵘《诗品序》中言："岂不以指事造形，穷情写物，最为详切者耶！"刘勰《文心雕龙·物色》中言："自近代以来，文贵形似，窥情风景之上，钻貌草木之中。"挚虞《文章流别论》中言："假象尽辞，敷陈其志。"沈约《宋书·谢灵运传论》中言："相如巧为形似之言。"以上这些论述都是表现出空间形状与天地性灵、情感，用艺术语言表达主体情感在与外物发生碰撞时构建的一种空间感与审美想象。王夫之关于形象思维的描述与空间感的营造，创新性以"气"来表达形象的时空本体。在王夫之美学中，宇宙的本源之气不是独立于具体事物之外的客观实体,而是在具体事物之中的一个抽象范畴,其具有普遍性与根本性。如王夫之所言:"'采采芣苢',意在言先,亦在言后,从容涵泳,自然生其气象。"这是谈到意在言外的审美意境呈现的原因在于气象的生成,处理好言意之间的关系,并给欣赏者足够的想象空间。又如《姜斋诗话》中言:"句绝而语不绝,韵变而意不变,此诗家必不容昧之几。'天命玄鸟,降而生商。'降者,玄鸟降也,句可绝而语未终也。'薄污我私,薄浣我衣。害浣害否?归宁父母。'意相承而韵移也。尽古今作者,未有不率繇乎此,不然,气绝神散,如断蛇剖瓜矣。"[1]艺术创作语言给予欣赏者足够的想象空间,要为意义的阐述给予更多的途径,让作品中气象流转,生动宛转,充满宏伟广阔之境。王夫之强调"气"之时空感与空间化,其实现方式是创设出足够的想象空间与审美空间,并以画中之"飞白"来论诗中"气"在意境空间的流转与生动。如《姜斋诗话》中言:"浑然一气;'亦知戍不返',曲折无端。其他或平铺六句,以二语括之;或六七句意已无余,末句用飞白法飏开,义趣超远;起不必起,收不必收,乃使生气灵通,成章而达。"综上,王夫之用"气"之本体来言艺术作品中的空间张力,要求无论是语言还是笔法,无论是客体物象还是本体情感,都要生动活泼、流畅生动、流转自如,让意境在时间与空间的多维度向外延伸,并创设意境的审美空间。

二、神理范畴的本体论

(一) 天人合一

王夫之善于用思辨的方法来探求"神理"蕴含的内在关系,包含天、地、神、人四重关系。其中"天人合一"是王夫之神理论的基石,他用"气"一元论来解释"天"与"人",认为"神"乃是气质变化的浑然状态,"神"又是气之变化的偶然状态,是阴阳二气不测的未知之理,这与画论中常探求的"天人合一"意境一致。王夫之论"神",是从张载的气学理论中得到感悟,并结合程朱理学思想,发展形成神理的概念,因此王夫之的

---

[1] (明)王夫之,戴鸿森笺注. 姜斋诗话[M]. 北京:人民文学出版社,1981:19-20,48,138.

神理论是和"气""理"相联系的。"理"为物之理和人性之理,即"理"为天理人性,为宇宙人生运化的客观规律和法则。

  王夫之用气一元论来解释天与人,神是气之变化的偶然状态,与画论中天人合一相通。王夫之的美学思想是建立在他的哲学基础上,从哲学角度来探讨美学,并且比前人更深入具体,这在中国古典美学史上是具有独特性的。自古以来,中国古典哲学一直贯穿着"天人合一"的思想,即人与自然、社会的合一,心与物的亲和。张载在《太和篇》有言:"太虚无形,气之本体,其聚其散,变化之客形尔;至静无感,性之渊源,有识有知,物交之客感尔。"即无形无象的"太虚"乃是有形有象、有着聚散之分的"气"的本体。又言"天地之气,虽聚散、攻取百途,然其为理也顺而不妄。气之为物,散入无形,适得吾体;聚为有象,不失吾常。太虚不能无气,气不能不聚而为万物,万物不能不散而为太虚。循是出入,是皆不得已而然也"❶。这是提出"天地之气"构成了天地之间人与万物,"气"的聚而成形,并生成为万物,"气"的散而入于无形无象。"太虚"是宇宙万物存在之根据,"气化"之升降则变化成为万物。王夫之继承了张载"太虚即气"之说,承认"太虚"与"气"相即不离,也继承并发展了"天人合一"的和谐自然观,"太和,和之至也"。王夫之在《张子正蒙注》开篇就解释了"太和所谓道"即是"太和,和之至也。道者,天地人物之通理,即所谓太极也"❷。认为"和"是宇宙太和之气的本色,强调以"气"为本,以"气"解释"天"与"人",认为天乃自然之天,"气"乃万物之始,人与自然万物皆同质于太和之气。"气"为"阴阳二气"❸,阴阳二气形成气象万千的自然,而阴阳二气变化运作产生万物的过程称之为"气化",意为阴阳二气充满太虚,天之象,地之形,皆在其范围内。王夫之曾言:"太虚即气,絪缊之本体,阴阳合于太和,虽其实气也,而未可名之为气;其升降飞扬,莫之为而为万物之资始者,于此言之则谓之天。气化者,气之化也。阴阳具于太虚絪缊之中,其一阴一阳,或动或静,相与摩荡,乘其时位以著其功能,五行万物之融结流止、飞潜动植,各自成其条理而不妄。"❹王夫之在这里将"太虚"视为"絪

---

❶ (宋)张载. 张载集[M]. 北京:中华书局,1978:7.
❷ (明)王夫之. 船山全书(第十二册)[M]. 长沙:岳麓书社,2011:15.
❸ (明)王夫之. 船山全书(第十二册)[M]. 长沙:岳麓书社,2011:57.
❹ (明)王夫之. 船山全书(第十二册)[M]. 长沙:岳麓书社,2011:32.

缊之本体","气"之阴阳变化和为"太虚"。"太虚缊之本体"是阴阳融合之时宇宙的本原状态，蕴含着宇宙创生的动力，这种创生的动力不仅仅是事物空间运动、变化的动力，更是实有在存在上不断更新与生成的动力。在这种缊化生的过程中，事物消失或者生成，种种事物表面上是原来的存在，但实际上已经发生了新旧交替，形成了天地之化日新的状态。这如同中国传统画学论中所言的"气韵生动""阴阳相生""贯通一气"。中国画学认为艺术作品传达的是"生气"，是体现自然物象的精神与神动。例如，南齐谢赫在《古画品录》提出"六法"，即"气韵生动、骨法用笔、应物象形、随类赋彩、经营位置、传移模写"❶。"六法"中把"气韵生动"放在首位，推崇生命运动之"气"的节奏与韵律。气韵就是画面的精神气质，即画面描绘世间万象具有动态的生命，达到形似神似，以空灵淡远的意境美感去体悟内在精神。唐代张彦远在《历代名画记》中强调过于重视形似，则会失去画面的"气韵"，即"得其形似，则无其气韵；具其色彩，则失其笔法"。❷ 五代荆浩列出绘画创作六大要素为"气""韵""思""景""笔""墨"❸。元代杨维桢在为夏文彦《图绘宝鉴》作序时提到"传神者，气韵生动是也"，即艺术作品要达到传神，则需要"气韵生动"❹。清代画家石涛《画语录》中曾言："为此三者，先要贯通一气，不可拘泥。"❺ 即用"贯通一气"来描述绘画中的意境，认为绘画作品中的意境与"气"是一种本然性，画中景物，是"气"化的产物，笔墨则是"气"的传达。因此，古代画学强调"气韵"，认为"气"是构成画面"天人合一"意境的重要因素。王夫之认为自然万物的合一，人与自然、心与物的和谐统一，构成了"天人合一"的境界。如艺术而言，各种不同的审美要素和谐统一才构成了艺术之美，他以诗歌为例，提出诗歌是兴、观、群、怨四大审美要素的和谐统一，而绘画则是各种不同颜色物象的和谐统一。人与自然的和谐统一源于人乃自然的组成部分，人的智慧情感和精神生命都依赖于自然，人的情感离不开身边万物，简而言之就是情与景的关系，"情"与"景"构成了"天人合

---

❶ 周积寅. 中国历代画论 [M]. 南京：江苏美术出版社，2013：816.
❷ 郑笠. 庄子美学与中国古代画论 [M]. 北京：商务印书馆，2012：147.
❸ 周积寅. 中国历代画论 [M]. 南京：江苏美术出版社，2013：821.
❹ 郑笠. 庄子美学与中国古代画论 [M]. 北京：商务印书馆，2012：126.
❺ 石涛. 苦瓜和尚画语录 [M]. 济南：山东画报出版社，2007：41.

一"之意境的存在。景是客观的，情是主观的，主观与客观相统一，也是人与自然相统一。王夫之认为"在物者为景，在心者为情"，情与景有"在心""在物"之分，情与景的关系就是心与物的关系，"即景会心"❶，曾言"景中生情，情中含景，故曰，景者情之景，情者景之情也"。即情景互生❷，艺术家在审美过程中触景生情，内心主观情感对客观景物进行感知，并伴随着作者的想象，对山川树木、烟云泉石、花鸟丛林等进行联想，从而抒发情感。因此，艺术作品中的景是饱含作者情感的，而情感是由景物触动而产生的，情中景，景中情，情景互生。关于情与景的关系，王夫之还强调情景交融的关系，曾言："情景名为二，而实不可离。神于诗者，妙合无垠。"❸即在创作中"景"脱离了"情"，则成了"虚景"，"情"脱离了"景"，"情"也成了"虚情"。只有情与景相互转化交融，情因景的融入而有了外观，景因情的渗透而有了生命，情与景结合得"妙合无垠"便是情景交融的最高境界，这是王夫之所欣赏与追求的审美取向，是他衡量艺术性的美学标准，也是意境生成的过程。在中国传统画学理论中同样如此，画家布颜图曾在《画学心法问答》有言："山水不出笔墨情景，情景者境界也。"正如王国维所言"一切景语皆情语"，中国画通过描绘景物营造意境，以此表达情感，也要求笔与墨合，心与物合，情与景合，情景互生，情景交融。

（二）心目相取

王夫之指出艺术创作达到"天人合一"审美境界的重要方法是"阅物多"，亲身体验观察。自然美是客观存在的，不以人的意志所转移，艺术创作对自然界的反映是"心目之所及"，即通过"心目相取"，这是出自王夫之对张子容《泛永嘉江日暮回舟》一诗的评语："只于心目相取处得景得句，乃为朝气，乃为神笔。景尽意止，意尽言息，必不强括狂搜，舍有而寻无。"❹强调以瞬间的直接感知并带着作者的主观感情，不需要比较推理，来描绘客观真实的"物"，把自然界中固有存在的美感完整地表现出来，从而达到"华奕照耀，动人无际"的审美意境。"华奕照耀，动人无际"出自王

---

❶ （明）王夫之. 船山全书（第十五册）[M]. 长沙：岳麓书社，2011：821.
❷ 叶朗. 中国美学史大纲 [M]. 上海：上海人民出版社，1985：457-458.
❸ （明）王夫之. 船山全书（第十五册）[M]. 长沙：岳麓书社，2011：824.
❹ （明）王夫之. 船山全书（第十四册）[M]. 长沙：岳麓书社，2011：999-1000.

夫之对谢庄《北宅秘园》的评语："心目之所及，文情赴之，貌其本荣，如所存而显之，即以华奕照耀，动人无际矣。"❶ 也是王夫之"现量说"的运用，前文中已经谈到，王夫之把因明学提出的"现量"引入美学领域，在他的《相宗络索》一书中有言："'现量'，'现'者有'现在'义，有'现成'义，有'显现真实'义。'现在'，不缘过去作影；'现成'，一触即觉，不假思量计较；'显现真实'，乃彼之体性本自如此，显现无疑，不参虚妄。"这是现量对艺术构思方式与内涵进行思考。❷ 即审美意象需要从直接的审美观照中产生，优秀的艺术作品出自艺术家对现实生活与自然景象的亲身经历，以及独特的个性感受，如润物细雨无声般自然真实，并且强调形式的独立性，即景会心的直观感知，反对形式主义，认为"死法之立，总缘识量狭小"。即在艺术领域中不应该局限于狭小的生活范围内，只有置身于广阔的社会生活中，体会与感悟生活真谛，才能创造出优秀作品。诗歌与绘画，均为真实的直观感悟与情感流露之作，用于描绘事物与情感的方式，其审美意象需要直接从审美观照中产生。清代画家石涛就曾说过"搜尽奇峰打草稿"，宋代画院画家也强调写生为本，创作的前提就是王夫之所言的"身之所历，目之所见"。画者如果没有直接产生对物象的审美观照，则不能构成审美意象，也无法达到情景统一。

三、现量范畴的本体论

（一）艺术哲学——三境说

王夫之在《相宗络索》一书中研究了佛学的三静说，并将其与艺术本体相结合。所谓三境，指的是"性境""带质境"和"独影境"。王夫之认为境即境界。在王夫之看来，人的各种认识中，只有现量认识观测到三种境界，这就为他从现量出发，认识各种审美和艺术境界问题提供了理论依据。他将其现量说和三境论点结合并用于指导艺术研究，概括出了艺术创作的三大特征。一是即物达情；二是"撇开实际，玩弄风光"；三是古今一体，照耀人生。具有深度的作品应该是"即景会心"，这些作品都是"现量"，都是

---

❶ （明）王夫之. 船山全书（第十四册）[M]. 长沙：岳麓书社，2011：752.
❷ 王兴国. 船山学新论[M]. 长沙：湖南人民出版社，2005：730-731.

"心中与目中相融浃"而得出的产物。其中"即物达情"之作，可以与"性境"相比较。王夫之认为即物达情之作的基本特征是物可生情，情由物生。艺术家虽然要以笔锋墨气曲尽神理，但情和物从感受上讲都是实然的、明了的，因而无须主观测度，否则就会破坏这种境界。王夫之认为艺术作品的深度存在于他自身明了的境界当中，因而有深度的作品应该是即景会心，也是"所怀"与"景相迎"的成果，"自然灵妙"，从而自身明了。

"撇开实际，玩弄风光"是指在艺术创作活动中，艺术家具有审美胸怀、情绪和气质，能够超越现实功利和事物的本相之上做出丰富的联想，可以与"带质境"相比较。王夫之认为艺术家并非圣人，处处能与大自然同心，所以在艺术创作的高潮状态，少不了"撇开实际，玩弄风光"的情况，此类艺术境界的形成，也是艺术家或者审美的内在审美意识的呈现，必须穿透自然和人生中晦暗不明的现象，追求超越自然、生命和生活现象之上的意义。王夫之在探讨审美问题时，虽然竭力提高主体超越性的地位，但又时时强调"此量"的重要性，并没有如心学那样走向唯心主义，只是在唯物主义的视野内顺应了当时高扬"自我"的时代潮流，王夫之的审美接受理论也大致是从现量的角度来说。在现代美学理论所讲的审美接受中出现的共鸣现象，王夫之认为也只有在限量派中才能形成。要把握作品本身的韵味就必须使接受者达于现量态。观者透彻理解作品自身的意愿，并不是要否定观者的主观能动性，而是要说明审美接受也应是现量。王夫之认为对作品的欣赏使观者在于自己的审美感受和体验的关联中追逐到了"我"的存在方式，找寻到了属于自己的审美感受和审美想象。这就达到了艺术的解放力量，那么观者获得的解放程度不仅取决于观者自身的条件，更取决于作品本身的内在力量，这两者是置于对立统一之中的。

此外，王夫之的"现量"剥离了佛学基础，不再强调现量转识成智的意义。具有本体论的追求，符合原始儒家的伦理智慧追求，有以下特点：①现量是人们祛除遮蔽于人心的障碍而体达人之生命本真的一种方式。②现量是人在日常生活中借助审美体验体达人之生命本真的最佳方式。③现量之境的开拓或豁然呈现是人返归自心、灵心妙用的必然结果。④现量的审美体验需要主体保持其圆融无碍的性情来审视自然运化，通过对天之天的体会来丰富人之天的内涵。⑤现量的审美体验表现为即景会心式审美体验的瞬时性和生成体验的新鲜感。⑥现量艺术境界的开拓要避免思理的直接参与，表现在艺术手法上就是景显意微或者以景显意。⑦现量审美境界的产生，虽然以景显意，但也不能恃景显意，耳目沿物，而应是物沿耳目。

(二) 心物关系与直寻妙悟

王夫之美学中"现量"说的建构本体包含着对心物关系的认识和对直寻思维的延续。首先，心物关系自先秦时期初始，最早在《乐记》中有言："凡音之起，由人心生也。人心之动，物使然之然也。乐者……其本在人心之感于物也。"❶ 针对礼乐提出音乐的生成内涵有心物感应，音乐的本质形成于人心对外在事物的触发与感悟，是心与物的双向互动，解释了审美客体对审美主体的情感指引，审美主体与审美客体之间的外物感应。《淮南子》中有言："且人之情，耳目应感动，心志知忧乐……所以与物接也。"❷ 魏晋时期，心物关系被运用至文艺领域，陆机《文赋》中有言："遵四时以叹逝，瞻万物而思纷。悲落叶于劲秋，喜柔条于芳春。心懔懔以怀霜，志眇眇而临云。"❸ 这是审美主体因景物的变化而产生情感变化。钟嵘《诗品》中言："气之动物，物之感人，摇荡性情，形诸舞咏。"❹ 刘勰更强调心的作用，有言："写气图貌，既随物以宛转；属采附声，亦与心而徘徊。"❺ 这是强调审美主体的主体性，主体保持对外界的敏感，而实现心融于物的境界。唐代王昌龄强调心对物的支配作用，即"夫置意作诗，即须凝心，目击其物，便以心击之，深穿其境"❻，"搜求于象，心入于境，神会于物，因心而得"❼。宋元时期，文人墨客以情景关系来指代心物关系，如南宋范晞文《对床夜语》中言："老杜诗'天高云去近，江迥月来迟。衰谢多扶病，招邀屡有期'，上联景，下联情。"❽ 元代方回《瀛奎律髓》评陈与义《怀天经智老因访之》道："以'客子'对'杏花'，以'雨声'对'诗卷'，一我一物，一情一景。"❾ 明代谢榛《四溟诗话》中言："作诗本乎情景，孤不自

---

❶ (汉) 郑玄注，(唐) 孔颖达等整理．礼记正义 [M]．北京：北京大学出版社，1999：1074.
❷ 陈广忠译注．淮南子 [M]．北京：中华书局，2012：95.
❸ (晋) 陆机，张少康集释．文赋集释 [M]．北京：人民文学出版社，2002：20.
❹ (梁) 钟嵘，曹旭集注．诗品集注 [M]．上海：上海古籍出版社，2011：1.
❺ 周振甫．文心雕龙今译 [M]．北京：中华书局，2013：415.
❻ 张伯伟．全唐五代诗格汇考 [M]．南京：凤凰出版社，2002：162.
❼ 张伯伟．全唐五代诗格汇考 [M]．南京：凤凰出版社，2002：173.
❽ 吴文治．宋诗话全编（第九册）[M]．南京：江苏古籍出版社，1998：9289.
❾ (宋) 方回．瀛奎律髓汇评（中册）[M]．上海：上海古籍出版社，2005：1145.

成，两不相背。……夫情景有同异，模写有难易，诗有二要，莫切于斯者。观则同于外，感则异于内，当自用其力，使内外如一，出入此心而无间也。景乃诗之媒，情乃诗之胚，合而为诗，以数言而统万形，元气浑成其浩无涯矣。"❶ 强调情景不相离，内外如一。综上，中国古典美学发展中，从心物关系到情景关系的主客体分析，王夫之继承并延续发展了上述观点，并提出了心与物、情与景的内在实质关系。他认为人的内在之情可以透射至外部世界之物上面，物与情不可分离的实质在于内外沟通融合，即内有其情、外有其物。王夫之即景会心的论点就是强调心物相通，景之所即、心之所会，心与景呼应、情与景对应，主体在对客体外在特性形态的观察时，情随景生，作品应运而生。

先秦时期庄子就提出了"目击而道存"说，即《庄子·田子方》中言："仲尼曰：'若夫人者目击而道存矣，亦不可以容声矣。'"❷ 这里的"目击"便是与外界接触时，无须逻辑而忽然有所领悟，心领神会。这与后来的直寻思维有一定关联性。"直寻"首次出现在《孟子·滕文公下》："枉尺而直寻，宜若可为也。"直寻是指伸直的一次，直寻思维原本来自于南朝文论家钟嵘的观点，如《诗品序》中言："至乎吟咏情性，亦何贵于用事？'思君如流水'，即是即目；'高台多悲风'，亦惟所见；'清晨登陇首'，羌无故实；'明月照积雪'，讵出经史。观古今胜语，多非补假，皆由直寻。"❸ 这里的"直寻"就是强调主体对外界的亲身体验与实际观察。司空图《与李生论诗书》中言："然直致所得，以格自奇。"❹ 也是谈到直寻的实质是直接的审美感悟。至宋代时，文论家开始重视直寻思维的内涵，强调观景的直寻瞬间便是"悟"。如宋代叶梦得《石林诗话》中言："'池塘生春草，园柳变鸣禽。'世多不解此语为工，盖欲以奇求之耳。此语之工，正在无所用意，猝然与景相遇，借以成章，不假绳削，故非常情之所能到。诗家妙处，当须以此为根本，而思苦言难者，往往不悟。"❺ 这是强调创作者瞬间洞察的心领神会，才能信手拈来，这也是对直寻之悟的把握。前文所提到的严羽《沧浪诗话》中

---

❶ （明）谢榛，（清）王夫之. 四溟诗话、姜斋诗话 [M]. 北京：人民文学出版社，2006：69.
❷ （战国）庄子，方勇译注. 庄子 [M]. 北京：中华书局，2010：339.
❸ （清）何文焕. 历代诗话（上册）[M]. 北京：中华书局，2004：4.
❹ （唐）司空图，郭绍虞集解. 诗品集解 [M]. 北京：人民文学出版社，2006：47.
❺ （清）何文焕. 历代诗话（上册）[M]. 北京：中华书局，2004：426.

言"诗道亦在妙悟",即"大抵禅道惟在妙悟,诗道亦在妙悟。且孟襄阳学历下韩退之远甚,而其诗独出退之之上者,一味妙悟而已。惟悟乃为当行,乃为本色"。❶ 也是强调水到渠成的自我体验,在物我感应与心物交融中发生瞬间直觉。明代陆时雍《诗镜总论》中言:"每事过求,则当前妙境,忽而不领。古人谓眼前景致,口头言语,便是诗家体料。"❷ 这是强调创作者把握眼前景致,感受忽然之间的领悟。综上,从"目击而道存"至"直寻"再到"直寻之妙"最后是"诗道妙悟",以上发展过程,强调不求推敲思索,适然而作,在心物交接之瞬间感受到直觉的体悟,这便是直寻思维。

王夫之将上述观点进行延续,在《庄子解》中对"目击而道存"的观点有着自己的解释,"目击而道存者,方目之击,道即存乎所击。前乎目之已击,已逝矣;后乎目之更击,则今之所击者又逝矣。气无不迁,机无不变,念念相续而常新,则随目所击而道即存,不舍斯须而通乎万年"。❸ 强调当下性的突然捕捉,具有发展性的眼光,从当下的生命体验中获得纯粹的感悟。针对钟嵘的"直寻"说,提出了自己的理解。以"现量"说中现成之义,来强调排除理性思维,审美主体对客体的瞬间把握不用事先雕琢,而是强调当下现成的即景会心,一旦有感而发,便能即景兴情。在此基础上,王夫之更为强调生活真实与艺术真实的统一,对时空维度的把握,即"现量"说第三义显现真实。对于事物的描绘力求真实,前提是要多角度、全面反映该事物,不能笼统。对事物的描绘力求真实,但也并非一味排斥虚构,王夫之所言的艺术创作时,在尊重客观事物与规律的基础上,加以虚构,体现了王夫之对于生活真实与艺术真实相统一的观点。

同时,王夫之还强调要描绘自己真实经历过的、眼睛看过的事物,即强调时空性、在场性,重视对时空维度的把握,而钟嵘等前人的"直寻"更加重视直观性和直接性,对时空维度并未强调。可见王夫之在对直接性、情感等非理想因素上强调审美主体的作用,这是对前人观点的继承,同时根据自身提出的"现量"说,又有新的理解,有所创新,丰富了前人的思想而有所超越。

---

❶ (宋) 严羽, 郭绍虞校释. 沧浪诗话校释 [M]. 北京: 人民文学出版社, 1983: 12.
❷ (明) 陆时雍, 李子广评注. 诗镜总论 [M]. 北京: 中华书局, 2014: 169.
❸ (明) 王夫之. 船山全书 (第十三册) [M]. 长沙: 岳麓书社, 2011: 322.

第二章 王夫之美学中的传统画学哲理

在中国传统绘画艺术中讲究观道，即直探生命的本源。审美主体通过体悟的心理方式进入最终的精神归宿。这时艺术活动与审美活动中的体悟是一种感觉、知觉、联想、理解、想象与情感等众多审美心理因素交织而成的艺术直觉。在整体直觉体悟中求得主客体关系的神合。张彦远曾言："穷元妙于意表，合神变乎天机"，这是从深层次的玄冥体验中升华出来，行神如空，行气如虹❶。中国传统绘画艺术的本质是以人的自然生命去映照宇宙生命，是深入人心灵去体悟天地之精华、自然之玄妙、造化之魂灵、宇宙之万千。宗炳在《画山水序》中曾言："应物感神，神超理得"，这是强调心领神会的最终表现是感通于山水天地之间的神，精神超脱于凡尘之外，从而获得超越尘世的"道"。这种指向内心的心领神会便是直寻妙悟。王微《叙画》中言："岂独运诸指掌，亦以神明降之。此画之情也。"即山水画的灵动之神需要靠心去体悟，绘画之美来自心灵的"神明"。唐符载在《观张员外画松石序》中谈张璪作画："当其有事，已知遗去机巧，意冥玄化，而物在灵府，不在耳目。故得于心，应于手"，即创作者所描绘之物融于"灵府"，在心灵变换之时得之于心。这指出了创作主体精神在作品中的作用以及主客体之间的关系，从心源处获得审美思维。这也是张璪所言"外师造化，中得心源"之意。同时，中国传统画论中也谈到感觉是艺术体悟的起点，即宗炳《画山水序》中谈到创作第一步是面对自然山川有所观察、体会，才能在创作中妙悟。即"身所盘桓，目所绸缪，以形写形，以色貌色"。宋沈括《梦溪笔谈》谈到王维所画的雪中芭蕉时说："书画之妙，当以神会，难可以形器求也。世之观画者，多能指摘其间形象、位置、彩色瑕疵而已；至于奥理冥造者，罕见其人。"宋代诗僧惠洪在《冷斋夜话》中言："诗者，妙观逸想之所寓也，岂可限以绳墨哉？如王维作《画雪中芭蕉诗》，法眼观之，知其神情寄寓于物……"这里都是强调主体外感官的超越，达到审美体验以"心会"来体验对象内在的意味，以心灵感知将直观情感透射到物象之中。这种"兴会"就是"悟"，有着高层次的直觉，极强的渗透性，并达到精神与情感的高峰体验，从而形成意境的诞生。布颜图在《画学心法问答》中也说："必俟天机所到，方能取之。"也就是说，兴会这种"悟"的产生具有自成自生的特性，并不是自觉产生的，而是偶发的，即清代笪重光《画筌》中言

---

❶ 宗白华. 美学散步 [M]. 上海：上海人民出版社，1981：67.

"偶尔天成"。清代画论家沈宗骞在《芥舟学画编》中言："机神所到，无事迟回顾虑，以其出于天也。其不可遏也，如弩箭之离弦；其不可测也，如震雷之出地。前乎此者，杳不知其所自起；后乎此者，杳不知其所由终。不前不后，恰值其时，兴与机会，则可遇而不可求之杰作成焉。"苏轼也曾对这种偶发性进行描绘，即《文与可画筼筜谷偃竹记》中谈文同画竹，有画意时立刻"急起从之，振笔直遂，以追其所见，如兔起鹘落，少纵则逝矣"。这就正如王夫之所言"神理凑合时，自然天成"，"以神理相取，在远近之间，才着手便煞，一放手又飘忽去"。强调这种偶然性和自成自生。当创作者呈现出直觉妙悟之时，精神情感与体验如电光火石般出现，意象便在这种偶然、突发与瞬间之中忽隐忽现，而这种神奇与神秘性往往霎时而至，转瞬即逝。

四、情景范畴的本体论

（一）主客关系——情景交融，妙合无垠

情景论解释了诗学与画学之间的深刻相关性。王夫之认为情与景结合需要达到妙合无垠，才是情景交融的最高境界。即"情景名为二，而实不可离，神于诗者，妙合无垠。巧者则有情中景，景中情。景中情者如'长安一片月'自然是孤栖忆远之情；'影静千官里'自然是喜达行在之情。情中景尤难曲写如'诗成珠玉在挥毫'写出才人翰墨淋漓、自心欣赏之景"。❶

"情景交融，妙合无垠"这个观点是艺术作品审美意象创造规律的深刻揭示，也提出了一个极高的美学标准。中国古代画论中，布颜图《画学心法问答》中有言："山水不出笔墨情景，情景者境界也。"景与情之间的妙合关系，体现的是审美主体之情与客体之景融合为一的审美实境，在情景之间"神理"的绝妙契合。

这种主客之间的关系，可以追溯到中国早期的"感物说"，物即客体。《礼记·乐记》中言："感于物而动，故形于声"，物不仅感发于心，使得人心得以表现，而且其表现是借助感发之物加以烘托的。魏晋时期，陆机《文赋》中有言："遵四时而叹逝，瞻万物而思纷，悲落叶于劲秋，喜柔条于芳

---

❶（明）王夫之. 船山全书（第十五册）[M]. 长沙：岳麓书社，2011：824-825.

春。"钟嵘《诗品》云:"若乃春风春鸟,秋月秋蝉,夏云暑雨,冬月祁寒,斯四候之感诸诗者。"刘勰《文心雕龙·明诗》亦云:"人禀七情,应物斯感。感物吟志,莫非自然。"唐代王昌龄《诗格》中言:"诗一向言意,则不清及无味;一向言景,亦无味,事须景与意相兼始好。"《文镜秘府论》:"夫置意作诗,即需凝心。目击其物,便以心击之。"宋代葛立方《韵阳秋语》中有言:"人之悲喜,虽本于人心,然亦生于境。心无系累,则对境不变,悲喜何从而入乎?……盖心有中外枯菀之不同,则对景之际,悲喜随之尔。"❶ 南宋周伯弼《三体唐诗》中言情景虚实参半:"以四实为第一格,四虚次之,虚实相半又次之。"元代杨载有"景中含意""意中带景"的观点。元代方回有"景在情中,情在景中""以情穿景""景中寓情"的观点。明代胡应麟《诗薮》有言:"作诗不过情、景二端,如五言律,前起后结,中四句二言景二言情,此通例也。"谢榛《四溟诗话》中言:"作诗本乎情景,孤不自成,两不相背。景乃诗之媒,情乃诗之胚,合而为诗","诗乃模情景之具,情融乎内而深且长,景耀乎外而远且大。……夫情景相触而成诗,此作家之常也"。又说:"凡作诗要情景俱工……一联必相配,健弱不单力,燥润无两色。"明代诗论中如李梦阳《再与何氏书》中有言:"古人之作,其法虽多端,大抵前疏者后必密,半阔者半必细,一实者必一虚,叠景者意必二。此予之所谓法,圆规而方矩者也。"何景明《与李空同论诗书》中有言:"追昔为诗,空同子刻意古范,铸形塑镆,而独守尺寸。仆则欲富于材积,领会神情,临景构结不仿形迹。"王世贞《张肖甫诗序》中有言:"境有所未至,则务伸吾意以合境;调有所未安,则宁屈吾才以就调。"上述言论均是以诗歌准则之角度来论情景,王夫之则将情景关系从艺术本体的角度、从主客体关系以及创作意境、意象的美学角度来论证情景交融。一方面强调主体(创作者)情意的主导作用,一切景物的描写应该是达情所致;另一方面王夫之重视对景物的生动描绘,景物即客体,主张"顺写现景""寓目吟成""只与心目相取处得景得句"。王夫之强调的情景交融,妙合无垠,是内在的有机统一,其结果是作品中蕴含着具有艺术魅力的审美意象。

审美主体与客体之间的交融,是以主体意向为个性化的审美境界的灵魂,王夫之在诗论中强调"心中目中",即《夕堂永日绪论·内编》中言:

---

❶ (清)何文焕. 历代诗话(下册) [M]. 北京:中华书局,2004:617-618.

"'池塘生春草,蝴蝶飞南园,明月照积雪',皆心中目中与相融浃,一出语时,即得珠圆玉润,要亦各视其所怀来,而与景相迎者也。"审美主体将自我声明倾注于盎然的大千世界之中,吸收天地之精神,用心灵俯仰去追寻与感悟,达到与审美客体(万物自然)的汇合感应,感受宇宙之美与生命之本源。这其实呈现出一种"怡然自得"的境界,自然而然的过程。明代沈颢在《画麈·定格》中言:"董北苑之精神在云间,赵承旨之风韵在金闾,已而交相非,非非赵也董也,非因袭之流弊。流弊既极,遂有矫枉,至习矫枉,转为因袭,共成流弊。其中机梭循还,去古愈远,自立愈赢。何不寻宗觅派,打成冷局。非北苑,非承旨,非云间,非金闾,非因袭,非矫枉,孤踪独响,然自得。"❶这是强调独立而善于破除陈旧的艺术个性。清代画家沈宗骞在《芥舟学画编》中言:"行笔之际有一字诀曰便。便者无矫揉涩滞之弊,有流通自得之神。风行水面,自然成文;云出岩间无心有态。趣以触而生笔,笔以动而合趣。相生相触,辄合天妙,不必言理脉络,自无之而不在。惟其平日能步步不离,时时在手,故得趣合天随。自然而出,无意求合,而自无不合也。"这是指出自然而出于性情的"自得"。以主体的灵性、画家的笔墨参透灵变之机,才是真正的自得。这就要求创作者需要自然而然的流露,需要主体的灵秀。

因此,王夫之还强调这种妙合无垠是体现出自然而然的不露痕迹的流露,并非人为的拼合和有意的安排,即"一用兴会标举成诗,自然情景俱到。待情景者不能得情景也"。(《明诗评选》评袁凯《春日溪上书怀》评语),这点如同老子所言"道法自然""大象无形"的美学思想,在中国传统绘画中也强调"大象无形",特别是中国传统写意画,强调自然恢弘的景象与境界,并不局限于一定的事物外在,而是表现出气象万千的景象,"大象无形"虽看似无形,但却表现出泱泱之"大象",有意化无意,有象化无象,这是超越了"有为"的有限层面,需要创作主体有着"澄怀味象"的审美心理才能真正体会。

(二)情感主体——士气

王夫之在其众多经史著述和诗论著作中常常谈到"士气",并作为文人

---

❶ 俞剑华. 中国古代画论类编[M]. 北京:人民美术出版社,1998:773.

士大夫的代表，认为士气关乎哀乐悲喜、国家兴衰与历史发展趋势，其"士气"观更跟随着他的一生，也影响着他对诸多诗画命题的思考与阐述，引发众多理论观点。

在中国传统绘画的品评标准里一直有文人画重士气、弃匠气的说法，文人画代表画家如苏轼、文同、倪瓒、徐渭等，均是强调画家个人情感与情志的表达，重神似，形神兼备，倡导独特而鲜明的个人风格，重视画家的灵感获取。这也是文人画的要求，并区分了文人画与匠人画的区别，批判匠气十足的匠人画了无生趣，千篇一律，毫无艺术美感。在明清时期，文人画创作更是发展到与传统画、工绘画方式完全不同的程度，文人画占据绝对的主导地位，而身处于明清之际的王夫之，显然是受此文化环境的影响，常以士气与匠气来评诗。如他曾评自作诗《题芦雁绝句》中言："题此经一年矣，乃赋《雁字》，如两画相拟，一士一匠，自由分别者。"❶ 评王百穀《梅花绝句》一诗有言："昭代咏梅者，人传高太史'雪满月明'之句，固作家画也。如百穀者，乃有士气。"❷ 还言："'自是寝园春荐后，非关御苑鸟衔残'，贴切樱桃，而句皆有意，所为'正在阿堵中'也。'黄莺弄不足，含入未央宫'，断不可移咏梅、桃、李、杏，而超然玄远，如九转还丹，仙胎自孕矣。宋人于此茫然，愈工愈拙，非但'认桃无绿叶，道杏有青枝'为可姗笑已也。嗣是作者，益趋匠画；里耳喧传，非俗不尝。"❸ 很明显这里引用了匠人画来论述观点，又提及画论中常言的传神"阿堵"，"阿堵"是眼睛之意，即东晋顾恺之《历代名画记》中谈到"传神写照，正在阿堵中"。

咏物诗须具有生意，中国传统绘画也是如此，强调取物之神，突出事物最具有区别性的特征，还要表现创作者的情感与人格，两者结合得恰到好处才能神似。但王夫之并不主张完全抛弃形似，神似需要从形似中取得，以形似求神似。即"两间生物之妙，正以神形合一，得神于形，而形无非神者，为人物而异鬼神。若独有恍惚，则聪明去其耳目矣。譬如画者，固以笔锋墨气曲尽神理，乃有笔墨而无物体，则更无物矣"。❹ 这是王夫之对于画理

---

❶（明）王夫之. 王船山诗文集［M］. 北京：中华书局，2012：482.
❷（明）王夫之. 王船山诗文集［M］. 北京：中华书局，2012：465.
❸（明）谢榛，（清）王夫之. 四溟诗话、姜斋诗话［M］. 北京：人民文学出版社，2006：165.
❹（明）王夫之. 船山全书（第十四册）［M］. 长沙：岳麓书社，2011：1023.

的见解，绘画应该重视笔墨的特性，侧重事物的神态、特质、精神，但完全抛弃事物本身的形态，那就不能称之为好的绘画作品。创作者应该有意识的取舍，以某种形式或状态的形似达到神似，诗歌也是如此。

  王夫之强调表情达意，情景交融，以委婉含蓄表达余味无穷。在中国传统绘画中，也强调不应该以精确描摹对象外表为最终目的，而是要表现事物特征、精神气节、画者性情人格为主导，引起欣赏者共鸣和思想上的回应。王夫之还指出咏物诗要以情感为主体，切勿只专注于描写事物细节。这点如同绘画中忌讳纤毫毕现的描摹对象外在形态，以求形似，如苏轼言："论画以形似，见于儿童邻。"王夫之在诗论中强调形神合一，并提出遵循"现量"之法。前文中已经具体谈到王夫之现量说的内涵，艺术创作应重视人心与外界相遇时，内心的情感和情绪被激发出来与客体产生观念，客体也沾染上了主体的主观色彩。神似是真实把握外物与内心相遇后产生的灵感，描绘外物在内心的面貌，也是心目相取之意。与心目相取无关的景物、笔墨技巧等都是多余的，因此王夫之主张的形神合一与现量之法，借画论诗，并提出更多深入的见解与观点，这也为传统画论形神观与创作论提供借鉴与价值意义。王夫之曾在《明诗评选》中评冯梦祯《忆姬人》一诗："笔间常有拙意，画家所谓上气，不入匠作也。"❶ 宁"拙"勿巧的观点，是强调艺术创作需要以情意为主，围绕情意而生，其形成过程是由拙渐巧的过程，偏离情意的物象描绘都是多余的，过于精工或细致，会阻碍情感的抒发，而"拙"则更加接近本质的生成。在中国传统绘画发展史上，对于拙味的提倡甚多，形似之画或匠气之作通常是根据既定的绘画规律，追求精巧的画技，完美复制事物外在形象，却忽略了情意的抒发。神似之画，虽在外形上处于"似与不似之间"，但避免了完全雷同，风格多元，具有个人艺术色彩，不是单纯靠累积性的技巧完成，整个艺术风格与形式上呈现"守拙"的意味。王夫之对于诗画的观点显然是欣赏宁拙勿巧的士大夫风格。

  王夫之深谙艺术绘画之规律与品评标准，曾引论此观点，并在评论杜甫《哀王孙》中言："士之为写情事语者，苦于不肖，唯杜苦于逼肖。画家有工笔、士气之别，肖处大损士气。"这里可见王夫之将对于情事的逼真呈现比作追求形似的工笔画，要做到逼真，需要积累与技巧，全面描摹，但却没有

---

❶ （明）王夫之. 明诗评选［M］. 上海：上海古籍出版社，2011：230.

给观赏者进一步的想象和情感投入留下足够的空间，这种方式反而阻碍了作者情意的表达，也阻碍了欣赏者产生共鸣和获取余味缭绕之感。王夫之以画论诗，在诗画领域提倡"士气"，其本质是士大夫通过艺术观照世界时需要寄寓自我的情感、态度、立场、姿态与方式，蕴含对天地万物和世道人心的关怀，在艺术创作中有所取舍，形神兼备，注重内在情感与欣赏者的主体性，自然生动的描绘对象，为观者留下余味缭绕，回味之感，引导其思考。同时，王夫之身上强烈的士大夫意识，也引导着他对于自我的要求，倡导艺术承担起感动人心和陶冶人性的责任。这种观点放置今日的艺术创作也是如此，文艺为人民，守正创新，艺术创作者也需要肩负时代的使命。王夫之在《古诗评选》中评范云《之零陵郡次新亭》有言："自爱而不孤，不依成言而非撰！拟之画品，特有士气。"❶ 认为士气之画能够处理好立意与变化之间的关系，即自我与他者之间的关系，学古并善于积累，学习他人之所长，尊重多种风格艺术，同时也倡导自觉创新，有自身独特的面貌。这里也强调文人画家对自我风格的追求，是其基本意识。风格的形成也因情绪体验不同而各不相同，诗歌也是如此，这也是王夫之所强调的审慎笃定、独立不羁、具有强烈自我意识的士大夫人格。

五、象外范畴的本体论

（一）兴象

"象外"说中强调创作与鉴赏本质是兴象，兴是天与人、情与景的感通，是以某种象或某种情境的方式而存在的知觉世界。

"兴"在中国古典美学中常有论述，其作为美学范畴，特别是诗学命题被提出是来源于《论语》中孔子提出"兴于诗，成于礼，立于乐"。王夫之在《姜斋诗话》中提到四情：兴、观、群、怨。艺术定义的成立，得益于"兴、观、群、怨"说的创造性阐释，艺术创作与鉴赏中，美的功能性从这四情中体现与阐释，无论是教化功能或是情感转化功能，均能赋予其特殊定义。"兴"是通向艺术审美最高理想（意境）最为重要的中间环节。

关于"象"一词，最早在《易传·系辞上》中有言："圣有以见天下之

---

❶ （明）王夫之. 明诗评选 [M]. 上海：上海古籍出版社，2011：237.

赜，而拟诸其形容，象其物宜，是故谓之象。""象"作为审美活动中主客观统一的直接结果。晋代王弼《周易略例·明象章》中言："夫象者，出意者也。言者，明象者也。尽意莫若象，尽象莫若言，言生于象，故可寻言以观象；象生于意，故可寻象以观意。"后钟嵘提出"兴"的思路，唐代殷璠提出"兴象"概念，并在《河岳英灵集》中首次使用，打开了以"兴"到象外之象的思路。后来成了一个重要的美学范畴。王夫之美学则由"兴"出发，通达意境的审美理想，使得古典美学走向更远的高度。王夫之认为"兴"具有创作者生成创作动机的意义，"兴"是一种体验，并且是一种关乎生命的非功利的审美体验。在艺术创作过程中外在的生活材料要经过创作者内心体验才能成为诗人的内容。审美意象就是创作者心理体验与诗人外在形式的中介。审美意象就是在创作过程中创作者头脑中活跃着的有丰富意蕴的形象。这种审美意象显然是主客交融的产物。而"兴"则能生成审美意象，而且能生成艺术的语言表现形式，它规定艺术创作主体感悟状态的生成、规定创作审美意象与创作语言形式的生成。王夫之"象外说"中强调创作与鉴赏的本质是"兴象"，"兴"基于"天人合一"的哲学观念，是天与人、情与景的感通结果，"天人合一"观念对于艺术创作与艺术审美的生成均产生影响，要求在创作过程中，创作主体与创作者、作品、现实世界密不可分。创作者在创作时将主观情感投射至创作对象上，两者相互影响、互相统一。在审美过程中，审美主体与审美对象也融为一体，因而主客相交、情景交融是在"天人合一"观念下孕育而成的。

  审美体验的实现在于当下性、直接性展开"兴会"活动，兴会的审美体验强调体验之实，暗含了"兴会"的非理性取向。王夫之将审美意象分为象之内与象之外，象内之象是审美主体寓于胸中之象，是作品直接呈现的审美意象，象之外是实象之外虚实结合的悠远意境，是艺术实境的升华，因此兴会的触感活动的审美生成也反映了要追求象外之象的意境，蕴含着意象之中境之实和悟之虚灵的完美融洽。由兴所生意象的最高升华产生了"超以象外，得其圜中"的意境诞生，这个过程包含了审美生发的过程。这种状态生成的关键是与兴会而成象有直接的关系，在意象之中，情景相合，互为表里，情、景、意、言妙合自然，曲折而无痕。因而，王夫之所言的兴象，是重视即景的优先性和会心的超越性与直觉性，达到意境之美才能彰显"兴"的美学意义。

(二) 超以象外，得之圜中

王夫之的"超以象外"观点继承了刘禹锡和司空图等人的言论，如唐代刘禹锡《董氏武陵集纪》中所言"景生于象外"，司空图在《司空表圣文集》《司空表圣诗集》《二十四诗品》中言："味在咸酸之外""韵外之致""味外之旨""象外之象""景外之景""不着一字，尽得风流"等言论，王夫之继承并发展了上述观点，并谈到"超以象外"是超出有限的景象，通过联想尽可能多取之象外，但又必须与原有的意象不离不即，紧密相连，所以需要"得之圜中"。前文中已经谈到在王夫之评谢灵运《登池上楼》的诗句中"从上下左右看取"就是指代"超以象外"，而"风月云物，气序怀抱，无不显著"，便是"得之圜中"。"圜中"是"象外"的依据和旨归，圜中存在于情景相生、融汇结合的意境之中，从意境深入万物之观点来看，"得之圜中"体现的是宇宙人生之本体。

叶朗在《美学原理》中言："'意境'除了有'意象'的一般规定性之外，还有特殊的规定性。这种'象外之象'所蕴含的人生感、历史感、宇宙感的意蕴，这就是意境的特殊规定性。"这里提到的"象外之象"是"超以象外"的特殊规定性，艺术作品的意境所展示的是诗中之象与象外之境。

第三节 画学哲理中的创作论

一、意象范畴的创作论

(一) 艺术概括——咫尺有万里之势

王夫之的意象论中谈到艺术概括有更深层次的要求，即"势"。王夫之谈到咫尺有万里之势，有"一'势'字宜着眼"的说法，这是谈到艺术之"势"的凝聚力，有着空间与实践的延展性。

"势"一词在先秦的典籍中常运用于哲学、军事等，甚少作为文艺理论术语被提及。先秦著作中，"势"之意大致有五点：第一，势位，《韩非子·难势》中言："尧为匹夫，不能治三人而桀为天子，能乱天下吾以此知势位之足恃而贤智之不足慕也。"第二，趋势，《孟子·公孙丑上》中言："虽有智慧，不如乘势。"在《文心雕龙·定势》中言："夫情致异区，文变殊术,莫不因情立体,即体成势也。势者,乘利而为制也。如机发矢直,涧曲湍回,自然之趣也。圆者规体,其势也自转;方者矩形,其势也自安,文章体势,如斯而已。""譬激水不漪,槁木无阴,自然之势也。""文之体势,实有强弱,使其辞已尽而意有余。"这里谈到文艺作品中反映表现对象的运动趋势,势在这里的作用是开始转为由表及里的传神,促使观赏者的审美意识向高度与深度活跃化。第三,权势,如《孟子·尽心上》中言:"古之贤王 好善而忘势"。第四,树干木材的姿态、形势,如《考工记》中言:"审曲面势以饰五材"。第五,利用树干木材的姿态做成弓而产生的力量,如《考工记》中言:"射远者用势"。

至汉魏六朝时期,"势"已经发展成为艺术创造与美学思想的核心,广泛运用于书论、画论、文论之中,成为文艺理论的专门术语。如宋代诗人曾巩曾言:"山雨欲来风满楼",说明在时空上取足了气势。中国美学史上关于"势"的言论,绘画艺术范畴应该是孕育最早的,如在杜甫的论画诗中就有谈到。在书法与绘画领域,众多画论与书论中常提及"势",如书论中有笔势、体势之说。欧阳询在《传授诀》中言:"作书最不可忙,忙则失势;次不可缓,缓则骨痴。"这里是从书法上论"势"。唐代张彦远在《历代名画记》中曾谈到书画共同的规律,并对王献之"一笔书"所体现出的气脉连通的"势"提出书画相通的观点,"今草书之体势,一笔而成,气脉通连,隔行不断。唯王子敬明其深旨,故行首之字,往往继其前行,世上谓之一笔书。其后陆探微亦作一笔画,连绵不断,故知书画用笔同法"。❶ 书画同法或书画一律,书论也与画论一样,提及的"势"具有空间形式美感。如书论中,西汉萧何曾借助兵势来谈论书法之势,言:"夫书,势法犹若登阵,变通并在腕前,文武遗于笔下,出没须有倚伏,开阖籍于阴阳。每欲书字,喻如下营,稳思审之,方可下笔。"(《书史会要》)❷ 这提出书势的理论,即"乘于阴阳倚伏"。后诸多文人也谈论到"势",如东汉崔瑗《草书势》,蔡邕《篆势》和《九势》,西晋卫恒《四体书势》,东晋王羲之《笔势论》等,上述书论是在书法领域提出"书势""字势""笔势""体势""气势""形势"

---

❶ 俞剑华.中国古代画论类编[M].北京:人民美术出版社,1998:36.
❷ (清)王原祁等纂辑,孙霞整理.佩文斋书画谱(卷五)[M].北京:文物出版社,2013:83.

等术语和概念，如蔡邕《九势》中提出："夫书肇于自然，自然既立，阴阳生焉；阴阳既生，形势出矣。"❶ "势"有了倚正、阴阳的观念。书法中的"势"有了形式化和结构性的倾向。书势是涉及书法中结体与内在结构的关系。正如近代康有为在其《广艺舟双楫》论"缀法"中所言："古人论书，以'势'为先。中郎曰《九势》，卫恒曰《书势》，羲之曰《笔势》。盖书，形学也。有形则有势。"❷

中国传统绘画十分重视势的空间关系与形态走向。历代画论著作在取势、章法、空间等方面均谈到"势"。画论中"势"用于艺术形象反映客观事物的内在规律与外部姿态的方面。如东晋顾恺之曾多次提到"势"，在《画云台山记》中谈到"势蜿如龙"❸。《魏晋胜流画赞》中言："《清游池》不见金（京）镐，作山形势者，见龙虎杂兽，虽不极体，以为举势，变动多方。"❹ 顾恺之将"势"与"龙"类比，体现"势"之动态变化的审美特征。在《画评》中言："画孙武，寻其置陈布势，是达画之变者。""画壮士，有奔腾大势，恨不尽激扬之态。""画三马，隽骨天奇，其腾踔如摄虚，于马势尽善也。"之后，南朝宗炳《画山水序》中言"形势"的空间性，在真实形象的基础上超越形象，即"咫尺万里之势"的美学命题，即"竖画三寸，当千仞之高；横墨数尺，体百里之迥。是以观画图者，徒患类之不巧，不以制小而累其似，此自然之势"。❺ 南朝时期，画家在作画过程中就开始有"远近""大小"的意识。如南朝宗炳《画山水序》中言："夫昆仑山之大，瞳子之小，迫目以寸，则其形莫睹，迥以数里，则可围于寸眸。诚由去之稍阔，则其见弥小。今张绢素以远暎，则昆、阆之形，可围于方寸之内。竖划三寸，当千仞之高；横墨数尺，体百里之迥。是以观画图者，徒患类之不巧，不以制小而累其似，此自然之势。如是，则嵩、华之秀，玄牝之灵，皆可得之于一图矣。"❻ 近大远小的透视原则，画中能够实现咫尺有千里之遥的效果。王微《叙画》中提出绘画与地图的不同，即"夫言绘画者，竟求容势

---

❶ 黄简. 历代书法论文选 [M]. 上海：上海书画出版社，2014：6.
❷ 黄简. 历代书法论文选 [M]. 上海：上海书画出版社，2014：845.
❸ 俞剑华. 中国古代画论类编 [M]. 北京：人民美术出版社，1998：581.
❹ 俞剑华. 中国古代画论类编 [M]. 北京：人民美术出版社，1998：349.
❺ 俞剑华. 中国古代画论类编 [M]. 北京：人民美术出版社，1998：583.
❻ 俞剑华. 中国古代画论类编 [M]. 北京：人民美术出版社，1998：583.

而已。且古人之作画也，非以案城域，辨方州，标镇阜，划浸流，本乎形者融灵而变动者心也。灵亡所见，故所托不动，目有所极，故所见不周。于是乎以一管之笔，拟太虚之体；以判躯之状，画寸眸之明"。❶ 这里相比于宗炳所说的近大远小之透视原理更为深入，提到了势的内涵是"以实见虚"。南朝姚最《续画品》中言："含毫命素，动必依真。尝画团扇，上为山川，咫尺之内，而瞻万里之遥；方寸之中，乃辩千寻之峻。"❷ 这里明确提出了"咫尺万里"的说法。至唐宋时期，"咫尺万里"与"势"的关系联系紧密，如杜甫《戏题王宰画山水图歌》中称赞王宰画，有言："尤工远势古莫比，咫尺应须论万里。"❸ 刘长卿《会稽王处士草堂壁画衡霍诸山》：" '青翠数千例，飞来方丈间'……皆谓'制小'而不'累似'耳。六朝山水画犹属草创，想必采测绘地图之法为之……宗炳斯序专主'小'与'似'，折准当不及地图之严谨，景色必不同地图之率略，而格局行布必仍不脱地图案白……"隋唐时期彦悰《后画录》中评展子虔作画："亦长远近山川，咫尺千里。"❹ 宋代《宣和画谱》有曰："江山远近之势尤工，故咫尺有千里趣。"❺ 画家开始重视虚实空间关系，画中之势是空间内在关系、律动以及条理的整合，是物象的生命形式的形似表现，是生命脉络的延续。明代画者对于"势"来表示虚实空间的要求更为明确。沈颢《画尘·笔墨》曰："笔与墨最难相遭。具境而皴之清浊在笔；有皴而势之，隐现在墨。""大痴（元黄公望）谓画须留天地之位，常法也。予每画云烟著底，危峰突出，一人缀之，有振衣千仞势。客讶之。予曰：'此以绝顶为主，若儿孙诸岫，可以不呈，岩脚柯根，可以不露，令人得之楮笔之外。'客曰：'古人写梅剔竹，作过墙一枝，离奇具势，若用全干繁枝，套而无味，亦此意乎？'予曰：'然。'"❻ 笔墨为实，势为虚，笔墨能成型，则势能出现。作画时以留白、收敛的笔法，以少见多的方法，就是以实见虚。苏东坡在《书蒲永升画后》中称赞孙知微的画："作输泻跳戚之势，汹涌欲崩屋也。"这里提到作画时注

---

❶ 俞剑华. 中国古代画论类编[M]. 北京：人民美术出版社，1998：585.
❷ 俞剑华. 中国古代画论类编[M]. 北京：人民美术出版社，2007：372.
❸ 陈洙龙. 山水论画诗类选[M]. 北京：人民美术出版社，2014：3.
❹ 俞剑华. 中国古代画论类编[M]. 北京：人民美术出版社，2007：382.
❺ 俞剑华注译. 宣和画谱[M]. 南京：江苏美术出版社，2007：39.
❻ 俞剑华. 中国古代画论类编[M]. 北京：人民美术出版社，1998：775.

第二章 王夫之美学中的传统画学哲理

重作品的动象。清代笪重光在《画筌》中言:"空本难图,实景清而空景现;神无可绘,真境逼而神境生。位置相戾,有画处多属赘疣;虚实相生,无画处皆成妙境。"❶ 即虚实相生,神与真相连,虚与神所指代的是悠远缥缈的妙境,那便是画中之"势"。由此可见,中国传统画论常以"势"来论有限的篇幅中涵盖无限的时空与意象,充满绵延万里的意境,超越了具体而引发观者联想与想象,这种联想可能关于天地自然万物、气之初始、社会兴衰、个人境遇等多个方面,从而体现"远境"之内在审美感受。

王夫之在诗论著作中也常引用此观点来喻指文艺创作对于情感的包孕性和意味的无限追求性,体现咫尺万里之势的意象与境界,同时也提出对势的个人观点与见解。学者王思焜曾提出王夫之的"势"体现着艺术的主动性、创造性,它要求艺术家对素材进行提炼、加工在尽可能精炼简约的形式定格中包含尽可能丰富深厚的艺术意蕴。❷ "势是一种态势,一种张力,它不是孤立的、静止的、僵化的;虽然只是局部、片段,却包涵着全局、整体;以静的图形、文字展现艺术的活的生命……蕴蓄着千里之广,万里之遥的气势。"❸ 如王夫之在《唐诗评选》中评杜甫《九日蓝田崔氏庄》有言:"宽于用意,则尺幅万里矣。"评李白《古风》中言:"用事总别,意言之间,藏万里于尺幅。"❹ 评建安诗人刘桢《赠从弟》诗云:"短章有万里之势"。《唐诗评选》中评吴迈远《长相思》中言:"才清切拈出即用兴用比,托开结意。尺幅之中,春波万里。"❺ 诗画对于咫尺万里之势有着相同的艺术追求,均希望在艺术作品中以有限的艺术语言和物象去容纳无限的意象与意境。诗歌追求"无字处皆其意",言外有无穷之意境,绘画则追求"无画处皆为妙境",画内蕴含万里广阔的气势与境界,均是给欣赏者带去丰富的感受和高尚、高雅的艺术品格。

王夫之曾强调"内极才情,外周物理"❻ 的艺术创作原则,即经过主观的艺术创造,去反映客观的事物本质与规律,这里将意象论与神理论结合而

---

❶ (清)笪重光,吴思雷注.画筌[M].成都:四川人民出版社,1982:24.
❷ 王思焜.试析王夫之诗论与古代画论之关系[J].文艺理论研究,2005(01):28.
❸ 王思焜.王夫之艺术概括论简评[J].贵州师范大学学报(社会科学版),2002(01):78.
❹ (明)王夫之.唐诗评选[M].上海:上海古籍出版社,2011:58.
❺ (明)王夫之.古诗评选[M].上海:上海古籍出版社,2011:49.
❻ (明)王夫之.船山全书(第十五册)[M].长沙:岳麓书社,2011:843.

言，如果说审美意象是一个整体，那么连接这个整体的血脉，则需要"取势"。王夫之曾在《夕堂永日绪论·内编》中从绘画角度入手，对诗中之"势"作了详细的说明，以画论势，这种展示事物与寻求万里之势的手段，所呈现的意蕴正是王夫之所赞赏的。他认为咫尺万里并非将万里山川以某种比例缩于尺幅之间，而是要把握住万里山川所具有的气势和动态特征。有言："论画者曰：咫尺有万里之势。一'势'字宜着眼。若不论势，则缩万里于咫尺，直是《广舆记》前一天下图耳。五言绝句，以此为落想时第一义，唯盛唐人能得其妙，如'君家住何处？妾住在横塘。停船暂借问，或恐是同乡'。墨气所射，四表无穷，无字处皆其意也。"❶可见"势"与"理"相融合，要求画者发挥主动能力，经过艺术思维对物象进行精简提炼后绘出，以咫尺表现万里。如果反之，则缩万里于咫尺。势要宽于用意，则尺幅万里矣、无字处皆其意。这种以恰当的形式充分表现内容并取得最大的审美效果，称之为"取势"。"'势'在绘画艺术品中，是指描写对象的一种气势、动势，飞扬的、跃动的态势。它不是'象'，是蕴含于绘画具象里的富有美感的神理。"❷"势"是具有生命力和生气之感的，流动往复，引导欣赏者超越具体物象，去想象更为广阔的天地与美好丰富的生活。

王夫之所言的"势"是在艺术作品中超越于笔墨之外的力度与穿透力，是绵延伸展且"咫尺万里"的内在张力，他也借用古代画学论著中的常用语句来阐述"势"的艺术效果。例如，他在评唐代马戴《楚江怀古》一诗中，称其"笔外有墨气"❸。王夫之在评论南朝袁淑《效古》一诗中，称其"'四面各千里'，真得笔墨外画意。"❹

"势"是艺术形象所具有的一种态势与张力，以静的图形、文字展现艺术的活的生命与万里之遥的气势。中国传统画论与画品中，一直强调"取势""得势"，讲究画面构图与构成的"置陈布势"，展现画外之天地，这在山水画创作中最为明显，南朝宗炳在《画山水序》中说道："竖画三寸，当千仞之高；横墨数尺，体百里之迥……此自然之势。"强调"咫尺万里之势"，这是远近之势。后来宋代《宣和画谱》中评画："写江山远近之势尤

---

❶ （明）王夫之. 船山全书（第十五册）[M]. 长沙：岳麓书社，2011：838.
❷ 吴企明. 诗画融通论[M]. 北京：中华书局，2018：132.
❸ （明）王夫之. 船山全书（第十四册）[M]. 长沙：岳麓书社，2011：1041.
❹ （明）王夫之. 船山全书（第十四册）[M]. 长沙：岳麓书社，2011：747.

工,故咫尺有百千里趣。"这既是绘画赏评的艺术准则,也是艺术家的美学追求。郭熙在《林泉高致》言:"真山水之川谷,远望之以取其势,近看之以取其质。"以表现千里江山的气势与恢弘。董其昌也指出画山水要以取势为主,有言:"远山一起一伏则有势"。可见,这里"势"与"气""理"相联系,贯穿于画外的气象与张力便是"势",而"万里"与"咫尺"构成虚实,"咫尺万里"于山水画中是"远"的意境理想。画中无势,则毫无美感,咫尺有万里,则有了无限广阔之境。这是从远近、虚实的角度出发谈"势",也是王夫之对"势"的理解,即以"势"来表示虚实相生的意境。如王夫之引用画论中势的内涵,在《夕堂永日绪论·内编》中对崔颢《长干行》、李梦阳《黄州》两首诗的评析,言:"'君家住何处?妾住在横塘。停船暂借问,或恐是同乡',墨气所射,四表无穷,无字处皆其意也。李献吉诗:'浩浩长江水,黄州若个边?岸回山一转,船到堞楼前。'固自不失此风味。"这里强调有限之字写无尽之情,即"无字处皆其意"与"无画处皆为妙境"异曲同工。画中笔墨烦琐,则势不生,诗中景象过翔实,则势不生。如何"景中生势",王夫之也给予了答案,在评析"浩浩长江水,黄州若个边"中言:"心目用事,自该群动",即目中之景是实景,心中之情是虚景,而连接心目之间的是"群动"。王夫之引用画论中的"势",描绘"以实见虚""以少见多"的生"势"过程,阐明"无字处皆其意"的"势"的生成过程,侧面体现出诗画相通,但两者却有异曲同工之处。"诗画一律",在苏轼评价王维时便提出"诗中有画、画中有诗"的"诗画一律"观点。

对于"势"的阐述还需要涉及规范性与程式化。自古以来,"势"常被运用到艺术领域,如诗、书、画等艺术门类。在中国古代文论中,如刘勰《文心雕龙·定势》中专论"势",言:"圆者规体,其势也自转;方者矩形,其势也自安。"传统山水画中的三远法,即高远、深远、平远,"高远之势突兀,深远之意重叠,平远之意冲融而缥缥缈缈。""三远"都是画者对胸中丘壑进行取舍提炼,形成了三种特定的程式,形成空间关系,让观赏者在二维空间里感受远近,近中见远,小中见大,通过创作者的再创造,带有暗示性的"势"在画面中有意识地变换形象大小,给予观者审美幻象。王昌龄"诗有十七势"之说,并在《诗格》中提到:"直把入作势""比兴入作势"。皎然《诗式·明势》中言:"高手述作,如登衡、巫,睹三湘、鄂、野山川之盛,萦回盘礴,千变万态。或极天高峙,崒焉不群,气腾势飞,合杳相属;或修江耿耿,万里无波,出高深重复之状。古今逸格,皆造其极妙矣。"❶ 其所言的"势"是自然而生,随着情感起伏变化而呈现不同姿态。这种"势"的程式化与规范性并非定式,而是呈现多样性特征,在绘画、诗歌、书法等门类中均是如此。势有着表里、虚实、强弱之分,如清代纪昀读刘勰《文心雕龙·定势》评:"势无定格,各因其宜。"此外,还在《文心雕龙·定势》篇的文末指出:"势流不反,则文体遂蔽。"即与势流相对立的蓄势十分重要,这为创作思维提供了典范性的借鉴。以上言论中"势"被看成是主体面对艺术而产生的艺术形式与空间形式,在婉转之间带人进入不凡的艺术空间之中,也有将"势"看作是动态结构,用来表现情意、特征或艺术规律与艺术表现力。王夫之曾言:"身之所历,目之所见,是铁门限。"强调生活实践的重要性,这些动人的意象需要个人的素养与平时的多闻博见。同时,审美趣味的高低也与主体人格特征密切相关,王夫之曾言:"太白胸中浩渺之致,汉人皆有之,特以微言点出,包举自宏。""'日暮天无云,春风散微和'想见陶令当时胸次,岂夹杂铅汞人能作此语?"

此外,王夫之用"势"来指形象的时空表现形式。王夫之所言的"势"是具有时空化特征的。他提出"气""理""势"三位一体,即"凡言势者,皆顺而不逆之谓也。从高趋卑,从大包小,不容违阻之谓也。夫然,又安往而非理乎,知理势不可以两截沟分。……言理势者,犹言理之势也,犹凡言理气者,谓理之气也……其始之有理,即于气上见理;迨已得理,则自然成势,又只在势之必然处见理"。❷ 动态的"势"体现出意境的空间张力,这种张力与运动状态也是事理与规律的内在表现,是"气"运动之表现。他在评论陶渊明作品时言:"端委纡夷,五十字耳,而有万言之势。'日暮天无云,春风扇微和',摘出作景语,自是佳胜,然此又非景语。雅人胸中胜概,天地山川,无不自我而成其荣观,故知诗非行墨埋头人所办也。"❸ "势"的飞动流转,生动可见,胸中之胜概与天地山川两相激荡从而形成空间之境界。同时,王夫之也注意到"势"的时间蕴藉,空间的表达也会体现在时间的维度之上,空间的形式需要借助自然真实之"势"来营造特定的时

---

❶ 李壮鹰. 诗式校注 [M]. 济南:齐鲁书社,1986:76—77.
❷ (明) 王夫之. 船山全书(第六册)[M]. 长沙:岳麓书社,2011:994.
❸ (明) 王夫之. 船山全书(第十四册)[M]. 长沙:岳麓书社,2011:721.

间意义。因此，王夫之提到"藏"与"显"、"平"与"远"的关系，在"藏"与"显"两种张力中留下足够的诗意蕴藉空间，如在论陆云《赠郑曼季诗四首·谷风》中言："藏者不足，显者有余，亦势之自然，非有变也。"❶ 评价杜甫《野老》中言："境语蕴藉，波势平远。"❷ 在空间形态的飞动与意义回旋流动之中，势的空间感被压缩成为美的形象，回旋的含蓄意蕴在空间中实现时间维度的延续，让欣赏者在实践与空间的结合中体会到韵味悠长的意蕴之美感。

综上，王夫之认为"势"有三种表现形式：一是"宛转曲伸以求尽其意"。二是"势"要"宽于用意，则尺幅万里矣"，这是内在质的浓缩和体悟悠渺无穷的神思。即《姜斋诗话》中"论画者曰'咫尺有万里之势'，一'势'字宜着眼，若不论势，则缩万里于咫尺"。尽管这句话用画论来寓意诗论，但同样也能运用于画学之中。不注重"势"的绘画，则是一幅没有生气的地图。三是"墨气四射，四表无穷，无字处皆其意"，即"势"不是按着客观事物的原貌一丝不差地描述出来，"缩万里于咫尺"，不只是面积缩小而已，而要选择其中最富于包孕性的那一顷刻，只有这样才能在作品中形成运动的态势，才具有艺术生命力。

(二) 创作机制——"势"，意中之神理

"势者，意中之神理也。"这句话出自王夫之的《夕堂永日绪论·内编》，是把势、神理与意联系在一起。前文中谈到神理的内涵，王夫之所言的神理是他对创作中艺术形象塑造所提出的新要求，是指艺术形象反映客观事物原理与神态的有机综合，而意中之神理则是包含客体的内部规律与外部特征，文艺创作不仅要将主体的思想情感与主观意愿结合，还要将客体的内在本质与外部特征生动地表现出来，这样才有艺术的生命力与感染力，才能反映意境。虽然反映的是客观事物，但经过创作者的提炼，烙上了主观的色彩，而这就是王夫之谈到的"势"。同时，"意中之神理"，是王夫之对于情景关系的意象表达，情景的和谐形成了众多意象，且统一于意之中，意的取舍则体现出势的重要性，不同的意象在意的统领之下完成艺术作品，其结构内在、布局则称为"势"。"势"乃主客浑融的境界中自然流露出的独特意趣

---

❶ (明) 王夫之. 船山全书 (第十四册) [M]. 长沙：岳麓书社，2011：590.
❷ (明) 王夫之. 船山全书 (第十四册) [M]. 长沙：岳麓书社，2011：1091.

和神思,"势"是呈现"神理"的最重要方式,因势,艺术作品有"广远而微至"的自由的生命形式。势的生动性、含蓄性、自然性、动态性、结构性与古代传统画学有着一定的联系。其中生动性是超越了形的桎梏,得到超形得神的意象与审美境界。含蓄性是指"神""理"结合的生动魅力的艺术境界需要用含蓄婉转的表达,通过象内达到象外之意,以少胜多,有无相生,体会"无字处皆其意"的理想之境。自然性即"神理凑合,自然恰得"一语中所言的非矫揉造作与虚张声势,而是通过艺术形象自然而然流露出意趣。动态性是势的动态结构,产生审美张力。王夫之在《夕堂永日绪论·外编》中言:"李、杜则内极才情,外周物理,言必有意,意必由衷;或雕或率,或丽或清,或放或敛,兼该驰骋,唯意所适,而神气随御以行。"这里提到的"内极才情,外周物理",乃是王夫之艺术创作论的总纲领。这里王夫之强调意境与艺术形象是"物理"的反映,审美主体发挥能动性,有"才情",才能反映客观"物理"之美。"内极才情"的关键是立意,因此王夫之也强调"以意为主"。"外周物理"则强调取势。

艺术作品中的势,主要是对作品整体的一种概括,而"取势"是艺术创作中最为重要的规律,这是王夫之从画论中借用的术语,用以明确"神理"在创作布局中的特殊作用。在他的诗论著作中,关于势的言论有几十处之多,如前文中谈到的:"论画者曰:'咫尺有万里之势。'一'势'字宜着眼,若不论势,则缩万里于咫尺,直是《广舆记》前一天下图耳。"不注重"取势"的艺术作品仅仅是一幅毫无生气的地图,而在《夕堂永日绪论》中的:"势者,意中之神理也。"这两段言论中,势是与意相连的,作者之意以及客观之势。讲究"取势"是艺术创作中的重要规律之一,首先,王夫之认为"取势"并不是简单的意象堆砌或排列,而是基于"神理",将万里景致和满怀情愫通过寥寥几个意象巧妙组合而表现出来,这样的组合如同中国的写意画。其次,王夫之反对创作中的雕琢,认为适当的含蓄和师法自然是"取势"的上策。最后,联想是"取势"的又一关键,即王夫之在《明诗评选》中所强调的"构想广远,遂成大雅"。"势"还要有一定的结构性,如王夫之"以结构养深情"作为艺术创作结构法则,结合虚实往来之势的章法、顺应自然之势的笔法、基于理势之脉理连贯的局法。当作者从流变的客观事物中选取最能表现其真实情意的一部分作为"意"的载体,完成创作后,作品就能产生和形成一种运动的态势,令观者产生无穷的意味。

第二章 王夫之美学中的传统画学哲理

王夫之"神理"说的论点中无论是"以神理相取，在远近之间""势，意中之神理"，还是"神理凑合，自然恰得"，抑或是"会景而生心，体物而得神"等，均是强调描绘万千事物，揭示内在精神，展现神妙神韵等，这构成了王夫之诗学观点中的评价尺度与审美理想，具有很高的艺术审美境界，也对传统画学有着互参互见的价值意义。其诗论美学的观点与画论一脉相承，能够很好地诠释绘画创作中"神"与"理"的关系，对当下的艺术创作有着较大的启示意义。同时，"神理"论是王夫之对文艺创作与欣赏提出的一个外在物质形式与内在情感之间的对应关系，其所体现的意象与意境，需要欣赏者对形象具有心理感受，根据艺术作品唤起内心的某种情感体验，通过直觉、感悟与联想在心灵中产生独特感受。王夫之"神理"论中对"势"的美学阐释，不仅仅在整个王夫之诗学体系中具有重要地位，也在中国古典美学思想与传统画论思想研究中具有特殊性，别具一格。因此，对于王夫之美学中的画学哲理研究具有广阔的前景。

（三）整体结构——取势与止势

王夫之在谈论"神理"与"势"的关系时，用到真龙一词，言："夭矫连蜷，烟云缭绕，乃真龙，非画龙也。"这里是说善于"取势"，所取的是神龙飞行之势，感受到神妙客观必然之理的神理才是"真龙"。真龙是得神理之龙，是得势之龙。真龙是势的一种形象化表达，是取势得到的审美形态，王夫之在众多诗论中言及此，如评论谢灵运《庐陵王墓下作》一诗有言："如神龙夭矫，随所向处，云雷盈动。"评论刘琨《答卢谌》一诗有言："神龙得云，唯其夭矫矣。"❶评曹操《秋胡行》一诗有言："夭矫引伸之妙"❷。评曹丕《秋胡行》一诗有言："因云宛转，与风回合。"❸ 此外，用"龙"来比喻"势"，东晋时期，王羲之《题卫夫人〈笔阵图〉后》中称赞卫夫人书法"字体形势，状如龙蛇，相勾连不断"。❹ 五代时期画家荆浩在《笔法记》中言："蟠虬之势，欲附云汉"❺。东晋画家顾恺之在《画云台山

---

❶ （明）王夫之. 船山全书（第十四册）[M]. 长沙：岳麓书社，2011：600.
❷ （明）王夫之. 船山全书（第十四册）[M]. 长沙：岳麓书社，2011：499.
❸ （明）王夫之. 船山全书（第十四册）[M]. 长沙：岳麓书社，2011：505.
❹ 黄简. 历代书法论文选 [M]. 上海：上海书画出版社，2014：27.
❺ 俞剑华. 中国古代画论类编 [M]. 北京：人民美术出版社，1998：605.

记》中言："夹冈乘其间而上，使势蜿如龙。"❶ 明代金圣叹评杜甫《北征》有言："看他笔势如此来，却如此去，真如龙行夭矫，使人不可捉搦。"❷ 可见，王夫之采众家之长，深谙中国美学中龙行之势，创造性地将龙的象征与神理结合起来，在美学思想架构中，揭示这一象征物内在的哲学本质，深化"势"的理论内涵。

南朝画论开始用"万里"来形容山水画的空间关系。《南史·竟陵王子良传》中记载，萧贲善画，"能于扇上画山水，咫尺之内，便觉万里为遥"。时人姚最评其画："咫尺之内，而瞻万里之遥；方寸之中，乃辨千寻之峻。"《画山水序》中，南朝宗炳谈到山水画以小容大的创作方式："且大昆仑山之大，子之小，迫目以寸，则其形莫睹；迥以数里，则可围于寸眸。诚由去之稍阔，则其见弥小。今张绢素以远映，则昆、阆之形，可围于方寸之内。竖画三寸，当千仞之高；横墨数尺，体百里之迥。是以观画图者，徒患类之不巧，不以制小而累其似，此自然之势。"❸ 即在绘画创作中，以横竖尺寸之小，表现山之高远，不能单纯强调笔墨都真实再现山体。以小见大，取之以神也，而不取之以形，而是取自然固有之势，便是"取势"。中国传统绘画笔墨线条表现势的脉络，力道的方向与组织道出势的动力和空间性，生动的线条与节奏取势表现出势运动的本质和必然趋势。

势除了大小之外，还有空间中的远近。杜甫在《戏题王宰画山水图歌》中说："尤工远势古莫比，咫尺应须论万里"，"远势"即咫尺之画中得到的万里之感。李白《观元丹丘坐巫山屏风》中言："屏高咫尺如千里，翠岭丹崖粲如绮"；陈师道《题明发高轩过图》中言："万里河山才咫尺，眼前安得有突兀"；楼钥《海潮图》中言："荡摇直恐三山没，咫尺真成万里遥"等，这些关于势与远近之关系的诗句与画论，都与王夫之所言"藏万里于尺幅""短章有万里之势""势远"的说法一脉相承。可见，诗画一律，诗画通过跨媒介的类比方式，来表现万里之势，互通互鉴。

除了立意还要取势，意中存势，势能尽意，才是理想境界。"取势"是一种审美创造活动。在"心目相取"的审美观照与"即景会心"的审美感兴

---

❶ 俞剑华.中国古代画论类编[M].北京：人民美术出版社，1998：581.
❷ (明)金圣叹.杜诗解（卷二）[M].上海：上海古籍出版社，1984：71.
❸ 俞剑华.中国古代画论类编[M].北京：人民美术出版社，1998：583.

中，以神理相取，生成审美意象。即景会心，即艺术创作者必须会心，艺术观赏获得的美感要以会心为条件，即景会心体现着观赏者的主观能动性。王夫之曾多次强调诗人要像画家一样善于取势，在有限的形中见无限的意境空间，达到"墨气所射，四表无穷"之感。❶ "取势"是艺术创作中最为重要的规律，这是王夫之从画论中借用的术语，用以明"神理"在创作布局中的特殊作用。取势不仅仅是创造审美意象，也是创造意境的关键。取势之取，牵扯到意境、象外与意势的关系，并提出影外取影，取象外的观点。

关于"取势"王夫之提出几点原则与内涵。

一是取势要求自然，意味着追求生动神似，使作品意象获得艺术生命力。即王夫之《宋论》所言："顺必然之势者，理也；理之自然者，天也。""理"指代历史发展规律，"势"指历史发展的必然趋势，"理势"统一就是历史发展的客观过程。因此，"取势"王夫之也强调自然性和必然性。自然就是不要用主观思想情感程式去破坏客观事物的完整性，即"貌其本荣，如所存而显之""貌固有，而言之不欺"。这都是王夫之在诗论著作中强调取势要遵循自然。《古诗评选》中言："寓目吟成，不知悲凉之向所以省。诗歌之妙，原在取景遗韵，不在刻意也。"《夕堂永日绪论·外编》中言："死法之立，总缘识量狭小，如演杂剧，在方丈台上，故有花样步法，稍移一步则错乱，若驰骋康庄，取途千里，虽愚者不为也。"以上这些都是遵循"自然"的美学思想。书画中的取势也是出于自然之势，如饶宗颐曾言："法书之本，永字八法是曰八势。随行应变，尽态极妍。而画笔所至，山川荐灵；或合或开，有形有势，受迟则拱揖有情，受疾则操纵得势，受变则陆离谲怪，受化则绷缊幻灭。画理笔法，其天地之质欤？其山川之饰欤？"❷

二是取势要有动态美。势的本义中就有趋势的含义，也能描绘动态之美，王夫之论"势"，也要求取势要能够表现客观事物的运动变化，让意境具有动态美。对于客观存在的事物不能静止地、孤立地对待，而是要描绘出它的运动变化，让其处于和其他事物的联系之中，这样才能真正表现内部与外部特征，达到形神统一的境界。王夫之《古诗评选》中评谢灵运《庐陵王墓下作》中言："详婉深切如此，而不一及生平，如神龙夭矫，随所向

---

❶ （明）王夫之. 船山全书（第十五册）[M]. 长沙：岳麓书社，2011：838.
❷ 饶宗颐. 澄心论萃 [M]. 上海：上海文艺出版社，1996：134-135.

处，云雷盈动。"《唐诗评选》中评李白《古风》中言："此作如神龙，非无首尾，而不可以方体测知。"这里用处于活动状态的真龙来类比艺术创作中形象和意境不是孤立静止的景象和事物，而是生动活泼具有生命力的有机整体，因而"取势"必须表现客观事物运动变化的情态，让"势"具有动态美，是对艺术语言蕴藉性与艺术结构动态美的美学追求，是把握作品审美意象之间的意趣联系并实现艺术的升华。

三是取势要有艺术概括力和感染力。"势"是强调艺术对生活的能动关系，追求"神似"与"似与不似之间"，是强调欣赏者对艺术作品的能动关系，追求言外之意和象外之象。同时艺术创作者塑造艺术形象要有强大的概括力和表现力，以及艺术感染力。王夫之将绘画比喻成诗歌，绘画的取势是将远景与近景融会贯通，诗歌的取势是对自然景物的刻画并创造出鲜明概括的艺术形象，对社会生活的典型化，使之具有艺术生命力和感染力，给人丰富的想象和联想。

四是王夫之的取势还涉及虚实关系。王夫之常在诗论著作中提到虚实关系，如《古诗评选》中言："虚实迭用，以为章法"❶ "实其虚""虚其实"，即以空灵简约的言语表达诗歌大义，内容充实，意境深远，让微妙之处得到阐明。王夫之以无字处或者笔尽处露出余势来展现意境，如评陶渊明《拟古·日暮天无云》中言："端委纤夷，五十字耳，而有万言之势。'日暮天无云，春风扇微和'，摘出其作景语，自是佳胜，然此又非景语。雅人胸中胜概，天地山川，无不自我成其荣观，故知诗非行墨埋头人所为也。"❷ "取精宏，寄意远"字少而意丰。这里王夫之谈到的正是"虚其实"，用条理清晰的语言，表达丰富的思想内涵，"取势不杂，遣意不烦"，逻辑清晰，条理清楚，充实的内容更显灵动，举重若轻。这就如同书法中的飞白与书画中的计白当黑，"飞白"乃是书法中的笔势，意断笔连，藏育着苍茫苍劲的力道。唐代张怀瓘《书断》中言："飞白者，……势既劲，文字宜轻微不满，名为飞白。"❸ "计白当黑"是书法与绘画中的构图美学，充满意境之感，以空白的"虚"来彰显"实"，无画处皆为妙境。清代邓石如称："字画

---

❶ （明）王夫之. 船山全书（第十四册）[M]. 长沙：岳麓书社，2011：624.
❷ （明）王夫之. 船山全书（第十四册）[M]. 长沙：岳麓书社，2011：721.
❸ 黄简. 历代书法论文选[M]. 上海：上海书画出版社，2014：154.

疏处可使走马，密处不使透风，常计白以当黑，奇趣乃出。"王夫之曾在《夕堂永日绪论·内编》中借书论中飞白，有言："末句用飞白法飐开，义趣超远：起不必起，收不必收，乃使生气灵通，成章而达。"❶ 以书学中的飞白来喻虚实相生、虚实迭用的方式，取势有虚的空灵、实的内涵，从而达到艺术的"生气灵通，成章而达"。

王夫之还十分强调"止势"，评刘基《旅兴》中言："泛滥无所遏抑，顾笔间全用止势。"❷ "止"有"收""留""敛""藏"的意思，因此王夫之在诗论著作中多次提到的"收势""留势""敛势""藏势"都归属于"止势"的观点。王夫之诗论中也常从构思、表达上体现"蓄势""收势""留势""敛势"。如《唐诗评选》中评初唐诗人王绩《石竹咏》言："非但理至，风味亦适。得句即转，转处如环之无端，落笔常作收势。居然在陶谢之先。"《古诗评选》中评宋之问《初至崖口》言："密好成章，一结尤有留势。"评卢象《京城使风》中言："笔端但有留势，非二谢操觚之才，无宁短章而意直。"评吴迈远诗："放诞中固有收势"；评陶渊明《诸人共游周家墓柏下》中言："笔端有留势。"以上均是关于"蓄势""留势""收势"之法的概括，即在曲折回旋中藏有蕴蓄之力。

在书论中也有关于"止势"的说法，如书法运笔讲究"藏锋敛锷"之势。王夫之有时也会运用书法中的描述方式，用书法的藏锋之法，谈论"止势"，这里有收敛之意，即"敛势"，如评袁山松《菊诗》中言："藏锋毫端，咫尺万里。"❸《古诗评选》中评谢灵运《富春渚》一诗，有言："因势一转，藏锋锷于光影之中。"评杜甫《十二月一日三首》中言："二首已放，而放者必有所留，书家之藏锋法以此。"❹ 评殷云霄《大堤诗》中言："四句四平中自有归墟，可谓藏锋敛锷。"❺ 评明代马治《出西涧过龙岩途中瞻眺》中言："密情敛势"❻。这些诗论评语均强调笔敛、曲折蜿蜒之处达到深远之感，即"笔笔敛，步步远"❼。同时王夫之又从创作心理出发，谈到实

---

❶（明）王夫之. 船山全书（第十五册）[M]. 长沙：岳麓书社，2011：826.
❷（明）王夫之. 船山全书（第十四册）[M]. 长沙：岳麓书社，2011：1250.
❸（明）王夫之. 船山全书（第十四册）[M]. 长沙：岳麓书社，2011：616.
❹（明）王夫之. 船山全书（第十四册）[M]. 长沙：岳麓书社，2011：1092.
❺（明）王夫之. 船山全书（第十四册）[M]. 长沙：岳麓书社，2011：1596.
❻（明）王夫之. 船山全书（第十四册）[M]. 长沙：岳麓书社，2011：1260.
❼（明）王夫之. 船山全书（第十四册）[M]. 长沙：岳麓书社，2011：1360.

现"止势""敛势"需要"心神忍力"要"密情""心密",如《古诗评选》评左思《招隐诗》中言:"微作两折而立论平善,使气纯澹,既放而复不远,心神之间有忍力。"评范晔诗:"用意大有层次,将有累棋之忧,每于转处,抑气使之不怒。至其相为回映,更微作开势。"评鲍照《和王义兴七夕》中言:"役心极矣,而绝不泛滥,引满之余大有忍力。"可见"心神忍力"的"敛势"是要求创作者抑制情感不泛滥,哀而不伤的适度美。而"密情"与"心密"则是指描绘细微的情思时更要敛势,笔间要有忍势。如《唐诗评选》中评宋之问《初至崖口》中言:"密好成章,一结尤有留势。"《明诗评选》中评高启《晚步游褚家竹享》中言:"笔笔敛,步步远。"《古诗评选》中评江总《长相思》中言:"此篇心有密理,笔有忍势。"

此外,书画同源,中国传统书法中强调"藏锋"还有留笔的意味,应开而合,欲前先后之意。王夫之也引用书法中藏锋留势的观点来指代笔端蕴藏的力量,张弛有力与抑扬顿挫的节奏,如评杜甫的《十二月一日三首·其二》中言:"放者必有所留,书家之藏锋法以此。"❶ 评卢象的《京城使风》中言"笔端但有留势";❷ 评陶渊明的《诸人共游周家墓柏下》中言:"笔端有留势。"❸ 这里提到的留势,即如书法起笔收笔之时,欲往右而先左,欲收笔放开时缓笔停留,笔力送到,凝重有力。王夫之这种主张"笔底全有收势"❹ 的观点,和书法中用笔之法的收势有异曲同工之处。即"平起顺转"❺ 之间藏收,即发笔引势平缓,承转处则顺势,结尾时用收势,也如同书法起笔、行笔、收笔、逆锋、转笔、运笔、回峰的势。王夫之这里提到的"平起"是指平缓、娓娓道来,就如书法起笔之时的轻缓之势。在评张华《励志诗九章》中言:"引词居平,引势趋缓。"❻ 也如同中国山水画中三远法之一的平远,在浩渺静雅的水面上,水波由近至远推向前方,山势绵绵向后方延展。"引势趋缓"四字也如同书法强调的不能过于缓慢,否则笔力迟缓而失去了精神内在力度;也不可太急躁,否则笔势会有粗率之感。如欧阳询的

---

❶ (明)王夫之. 船山全书(第十四册)[M]. 长沙:岳麓书社,2011:1092.
❷ (明)王夫之. 船山全书(第十四册)[M]. 长沙:岳麓书社,2011:942.
❸ (明)王夫之. 船山全书(第十四册)[M]. 长沙:岳麓书社,2011:718.
❹ (明)王夫之. 船山全书(第十四册)[M]. 长沙:岳麓书社,2011:1458.
❺ (明)王夫之. 船山全书(第十四册)[M]. 长沙:岳麓书社,2011:1088.
❻ (明)王夫之. 船山全书(第十四册)[M]. 长沙:岳麓书社,2011:587.

《传授诀》中言:"最不可忙,忙则失势;次不可缓,缓则骨痴。"❶ 此外,王夫之还在其他诗论中言及此,如评杜甫的《野老》中言:"境语蕴藉,波势平远。"❷ 如《明诗评选》中评论明代诗人黄佐的《晓发卢沟望京城有感》中言:"平远为波势,正得警切。"❸《古诗评选》中称许鲍照的《采菱歌》一诗乃为"平远"之诗的典范:"益平益远,小诗之圣证也。"❹"顺转"则是指承转过渡时不突兀、不生硬,自然而然不造作。如评谢灵运的《富春渚诗》中言:"因势一转,藏锋锷于光影之中。"❺《唐诗评选》中评初唐诗人王绩《石竹咏》从写景到抒情:"得句即转,转处如环之无端,落笔常作收势。"❻ 书法中的"折钗股"转笔法,如同诗歌中的起承转合之处,坚韧有力,不露锋芒。南宋姜夔在《续书谱》中言:"折钗股欲其曲折圆而有力";❼ 明代李日华《味水轩日记》中言:"折钗股,钗股弯曲,无圭角而有劲气,此于转笔处得之。"❽ 王夫之借用书法中的笔法来谈"顺转"之妙。王夫之所言"藏收"之势,也如书法敛不尽之态,藏而不露,余音袅袅,留给欣赏者余味,如评宋之问《初至崖口》中言:"一结尤有留势";❾ 评何逊《暮春答朱记室》中言:"字句自有余势"。❿

在书法中有"一波三折"的用笔术语,强调折笔中藏,字外有力。而这种波折中也蕴含藏势与敛势,也是王夫之诗论中所言情感结构的表现,如王夫之曾在《明诗评选》评论刘基《楚妃叹(刺奇后)》中言:"有括有放";又在评高叔嗣《病起偶题》中言:"真所谓一下笔作三折,抗其坠,止其行,乃谓文心。"在中国古代文论中,也有部分学者论敛势、藏势,如皎然《诗式·作用事第二格》中言:"夫诗人作用,势有通塞,意有盘礴。势有通塞者,谓一篇之中,后势特起,前势似断,如惊鸿背飞,却顾俦侣,即曹植

---

❶ (清)王原祁等纂辑,孙霞整理. 佩文斋书画谱(卷二)[M]. 北京:文物出版社,2013:213.
❷ (明)王夫之. 船山全书(第十四册)[M]. 长沙:岳麓书社,2011:1091.
❸ (明)王夫之. 船山全书(第十四册)[M]. 长沙:岳麓书社,2011:1207.
❹ (明)王夫之. 船山全书(第十四册)[M]. 长沙:岳麓书社,2011:619.
❺ (明)王夫之. 船山全书(第十四册)[M]. 长沙:岳麓书社,2011:731.
❻ (明)王夫之. 船山全书(第十四册)[M]. 长沙:岳麓书社,2011:927.
❼ 黄简. 历代书法论文选[M]. 上海:上海书画出版社,2014:388.
❽ 陈涵之. 中国历代书论类编[M]. 石家庄:河北美术出版社,2016:250.
❾ (明)王夫之. 船山全书(第十四册)[M]. 长沙:岳麓书社,2011:930.
❿ (明)王夫之. 船山全书(第十四册)[M]. 长沙:岳麓书社,2011:804.

诗云：'浮沉各异势，会合何时谐？愿因西南风，长逝入君怀'是也。"这里便与王夫之所言的"敛势"类似。清代魏际端《答石公论文书》中言："夫文者在势，大抵逆则耸而顺则卑，逆则奇而顺则庸，逆则强而顺则弱。"这里提到的逆势，也与王夫之的观点一脉相承。

势的本义就有和自然、必然等联系在一起，王夫之对于"势"的美学范畴命题中还提出"理势"，即《宋论》中言："顺必然之势者，理也；理之自然者，天也。"取势需要"只于心目相取处得景得句，乃为朝气，乃为神笔。景尽意止，意尽言息，必不强括狂搜，舍有而寻无。在章成章，在句成句，文章之道，音乐之理，尽于斯矣"。（《唐诗评选》）这是强调"波势平远"的自然取势观点，而非心中无意却勉强取势。如他评价杜甫《野老》中言："境语蕴藉，波势平远。"（《唐诗评选》）评张华《励志诗》中言："引调居平，引势居缓，为度既尔，不与风雅期而居然风雅。"（《古诗评选》）《古诗评选》评陶渊明《归园田居（野外罕人事）》中言："平淡之于诗自为一体，平者取势不杂，淡者遣意不烦评谓也。""理势"，古代书画中也有提及，根据宗白华对于画论中关于"理势"的分析，如注解清代王概《芥子园画传》，谈到"石"乃气骨所构成，气是生命体，由气骨构成的山石，有着凹凸、深浅、阴阳向背的变化规律，这是石之势。石之势乃是石之生命，"气骨之表现在取石之势"。❶ 明代赵左在《论画》中曾言："画山水大幅，务以得势为主。山得势，虽萦纡高下，气脉仍是贯串；林木得势，虽参差向背不同，而各自条畅。石得势，虽奇怪而不失理，即平常亦不为庸。山坡得势，虽交错而自不繁乱，何则？以其理然也。而皴擦勾斫，分披纠合之法，即在理势之中。"❷ 赵左对于"理势"在技法用笔、意境的审美功能和审美效果有所解释。宗白华曾谈到"理即形式"，其"形式"并不是外在的表现形态，而是生命的结构，是生生条理，和势相统一，理势（得势）是摄取生命之道，把核心规律切入并把握生命的整体。董其昌的《画旨》中言"趋势为主""远山一起一伏则有势"。❸

元代饶自然《绘宗十二忌》第三忌中言："山无气脉"。清人郑绩《梦幻

---

❶ 宗白华. 宗白华全集（第二卷）[M]. 合肥：安徽教育出版社，2008：83.
❷ 俞剑华. 中国古代画论类编 [M]. 北京：人民美术出版社，1998：763.
❸ 郑威. 董其昌年谱 [M]. 上海：上海书画出版社，1989：178.

居画学简明》中言:"山无气脉者,所谓琐粹乱迭也……若写无气脉之山,不独此山固为乱砌,即通幅章法亦是乱布耳。"更有言"无气脉当为画学第一病。"可见中国古代画学强调山水画布局中要有气脉,即内在规律、条理,这是山石林木自然生气的关键。郑绩言:"范山由气脉相贯,层层而出,即耸高跌低,闪左摆右,皆有余气连络照应,非多览真山,不能会其意也。"沈宗骞《芥舟学画编》中有言:"天以生气成之,画以笔墨取之;必得笔墨性情之生气,与天地之生气合并而出之,于极繁乱之中仍能不失其为条贯者,方是善画。"由此可见,中国古代画论中强调艺术结构与客观事物之间的联系,以山水画为例,即经营位置要符合自然景物的构成规律,两者之间要有本质的统一。

古代书论中对"势"的强调,如欧阳询《三十六法》中对汉字构造要求有体势之分,如有"向背""偏侧"之势;上中下轻需要"顶戴";左右或多或少,需要"相让"。书家可以根据自己的审美感悟和书写习惯进行艺术处理,但万变不离其宗,基本字势不能违背,字势与山水画中的山脉一样,都是强调事物固有的客观规律。

(四) 以意为主

王夫之在《夕堂永日绪论·内编》中强调:"以意为主,势次之。势者,意中之神理也。唯谢康乐为能取势,宛转屈伸以求尽其意;意已尽则止,殆无剩语;夭矫连蜷,烟云缭绕,乃真龙,非画龙也。"这里"以意为主"就是强调立意的重要性,但意佳不等于诗佳。而取势得意的观点,是指意志、意念和意境等主观上的"意"的关系可以使富于感染力的艺术创作和观赏者结缘,"即景会心"而引起美感。

最早提出"以意为主"观念的是南朝宋的范晔,他在《狱中与诸甥侄书》中言:"常谓情志所托,故当以意为主,以文传意。以意为主,则其旨必见;以文传意,则其辞不流。"❶强调立意,意是起主导作用,文是用来传达意的。晚唐杜牧《答庄充书》中也谈到"以意为主",言:"凡为文以意为主,气为辅,以辞彩章句为之兵卫。"❷这是继承言意之辨的思路,强调"意"的绝对主导作用。宋代关于"以意为主"的观点更多,并将"意"与

---

❶ (南朝·宋) 沈约. 宋书 (卷六十九) [M]. 北京:中华书局,1974:1830.
❷ (唐) 杜牧. 樊川文集 (卷十三) [M]. 上海:上海古籍出版社,1978:194-195.

"义""事"与"理"相比较,北宋刘攽在《中山诗话》中提道:"诗以意为主,文辞次之。或意深义高,虽文词平易,自是奇作。世效古人平易句,而不得其意义,翻成鄙野可笑。"❶ 苏轼也言:"不得钱不可以取物,不得意不可以明事,此作文之要也。"❷ 这些言论中同样强调意的主导性,同时也对议论性、理论性思维进行强调。如梅尧臣在《续金针诗格》中言:"有内外意:内意欲尽其理,外意欲尽其象,内外含蓄,方入诗格。"❸ 这里提出"内意"和"外意",是指诗中景物表层上指代一种客观物象,是"外意",物象所象征的内在含义与理念意图,是"内意"。明代黄子肃《诗云》中言:"诗如马,意如善驭者,折旋操纵,先后疾徐,随意所之,无所不可,此意之妙也。又如将之用兵,或攻或战,或屯或守,或出奇以取胜,或不战以收功,虽百万之众,多多益办,而敌人莫能窥其神,此意之妙也。"❹ 这里重点在"意"的辨别上。明代李东阳在《怀麓堂诗话》中谈道:"诗贵意,意贵远不贵近,贵淡不贵浓。"❺ "意"中包含着情志的因素,并不是单纯的说理。如清代吴乔在《答万季野诗问补遗》中指出:"唐诗有意,而托比兴以杂出之,其词婉而微,如人而衣冠。宋诗亦有意,惟赋而少比兴,其词径以直,如人而赤体。"❻ 这里谈到宋代的"以意为主",是强调重理不重情,认为这是不全面的。综上所述,"以意为主"的观点在文艺理论发展过程中呈现三个特点:主导性、抒情性、说理性。汉唐时期的"意"偏向"情",宋代偏向"理",明代则强调抒情特质,偏向"情"。

王夫之所生活的时代处于明末清初,正是重"情"之时,推崇真情实感的创作,王夫之同样也赞同此观点,曾言:"诗之所至,情无不至;情之所至,诗以之至。"❼ "长言咏叹,以写缠绵悱恻之情,诗本教也"❽,"诗以道性情"❾,主张"诗道性情"的观点。在"以意为主"的特征中也偏向

---

❶ (清)何文焕. 历代诗话 [M]. 北京:中华书局,2004:285.
❷ (宋)葛立方. 韵语阳秋 [M]. 上海:上海古籍出版社,1979:42.
❸ (宋)胡仔,廖德明校点. 苕溪渔隐丛话 [M]. 北京:人民文学出版社,1981:259.
❹ 周维德集校. 全明诗话 [M]. 济南:齐鲁书社,2005:59.
❺ 周寅宾点校. 李东阳集 [M]. 长沙:岳麓书社,1985:529.
❻ 郭绍虞. 清诗话续编 [M]. 上海:上海古籍出版社,1982:472.
❼ (明)王夫之. 船山全书(第十四册)[M]. 长沙:岳麓书社,2011:654.
❽ (明)王夫之. 船山全书(第十五册)[M]. 长沙:岳麓书社,2011:829.
❾ (明)王夫之. 船山全书(第十四册)[M]. 长沙:岳麓书社,2011:1440.

第二章 王夫之美学中的传统画学哲理

"情",认为意具有"主导性""抒情性"的特点。如"无论诗歌与长行文字,俱以意为主。意犹帅也。无帅之兵,谓之乌合"。❶ "诗之深远广大与夫舍旧趋新也,俱不在意。唐人以意为古诗,宋人以意为律诗绝句,而诗遂亡。如以意,则直须赞《易》陈《书》,无待诗也。'关关雎鸠,在河之洲;窈窕淑女,君子好逑',岂有入微翻新,人所不到之意哉?"❷ 第一句引文是主张"意"为主导,有统帅地位;第二句引文是从批判的角度提出"以意为主",不能只注重理性和逻辑的"意"。王夫之对于意中的理性元素,并非保持绝对排斥的状态,而是对"理"的合理性作出明确见解。如"议论入诗,自成背戾。盖诗立风旨,以生议论,故说诗者于兴、观、群、怨而皆可"。❸ "《大雅》中理语造极精微,除是周公道得,汉以下无人能嗣其响。"❹ 这里王夫之认为欣赏者通过对诗歌的品读,引申出某种道理,在理性层面上获得启发。理性元素有着"引发性"和"自得性"的特点。同时王夫之也提出情与理并非南辕北辙的对立关系,二者也有相通之处,二者交融并形成"自得"。即曾言:"诗源情,理源性,斯二者岂分辕反驾者哉?不因自得,则花鸟禽鱼累情尤甚,不徒理也。"❺ 虽然王夫之倡导"情"是高于"理",重于"理",即"有无理之情,无无情之理"❻,但也提倡融情之"理"放于"意"中,"意"成为以"性情"为本体,具有融入内隐式理性元素的综合体。王夫之认为"意"应具有简约性,约意不约辞,以简明之意来统领全局,主次分明。即"古人之约以意,不约以辞,如一心之使百骸;后人敛词攒意,如百人而牧一羊。治乱之音,于此判矣"。❼ "扣定一意,不及初终,中边绰约,正使无穷,古诗固以此为大宗。"❽ "歌行最忌者,意冗钩锁密也。"❾ 此外,王夫之还谈到"意"在艺术构思过程中的主导作用,即意犹帅也,这是艺术形态的势,来自审美主体的感悟,那么势的威力才能突

---

❶ (明)王夫之. 船山全书(第十五册)[M]. 长沙:岳麓书社,2011:819.
❷ (明)王夫之. 船山全书(第十四册)[M]. 长沙:岳麓书社,2011:1576-1577.
❸ (明)王夫之. 船山全书(第十四册)[M]. 长沙:岳麓书社,2011:702.
❹ (明)王夫之. 船山全书(第十五册)[M]. 长沙:岳麓书社,2011:839.
❺ (明)王夫之. 船山全书(第十四册)[M]. 长沙:岳麓书社,2011:588.
❻ (明)王夫之. 船山全书(第三册)[M]. 长沙:岳麓书社,2011:324.
❼ (明)王夫之. 船山全书(第十四册)[M]. 长沙:岳麓书社,2011:495-496.
❽ (明)王夫之. 船山全书(第十四册)[M]. 长沙:岳麓书社,2011:653.
❾ (明)王夫之. 船山全书(第十四册)[M]. 长沙:岳麓书社,2011:1206.

破时空的限制，产生从有限到无限的美感。这点在绘画中同样也适用。

杨松年先生曾概括"意"在王夫之诗论中的意义：一是指不合乎肯定道德标准之人心活动。二是指尚未表达而具存于文人心胸之境界。三是指无视诗文特质而刻尽心思，追逐摩拟之写作态度。四是指与情感较少关涉之哲理或思想。五是指作品的内容。六是指写作过程中，落笔时或完篇后所展现之境界。七是指展现于语言之外，可由读者领略而得之韵味。八是指诗人凭其经验而进行辨认之思虑活动。❶ 而王夫之批评上述第一、三、四种意义。

综上所述，王夫之"以意为主"具有以下特点：一是反对狭义之"意"，即反对以说理纪事为主要内容，以逻辑思维为主，而脱离了情感。主张广义之"意"，认为意有主导性、抒情性的特点。同时也具有"说理性"的元素，还具有简约性的特征。因而"意"是以性情为主导，具有融入内隐式理性元素的综合体。二是意中之"情"是高尚的情感意蕴，即"贞情"，强调雅正和节制，意中之情或者内隐的理都是来自"自得"，是通过切身体验获得"己情"后的有感而发，从而感动欣赏者。

（五）"一笔"与"一意"

关于王夫之的"一笔"与"一意"论点，陶水平教授曾言一意和一笔说是联系王夫之诗学"以意为主"和"诗情性情"两个命题的内在枢纽，旨在创造一种纯净的诗美。❷ 关于"一意"，王夫之曾在《夕堂永日绪论·外编》提道："一篇载一意，一意则自一气，首尾顺成，谓之成章；诗赋、杂文、经义有合辙者，此也。""就一意中圆净成章，字外含远神。"王夫之在《明诗评选》中对杨慎《宿金沙江》的评语，认为"歌行所最忌者，意冗钩锁密也"；评罗洪先《昭君词》中言："孤行一意自远"；评程嘉燧《瓜洲渡头风雪欲回南岸不得》中言："无多意，却好"；在《唐诗评选》评王建《寄远曲》的评语："只是一意，终篇乃见"；评杜甫《曲江对酒》中言："只是一意，如春云萦回"等，都是强调"一意"，即集中描绘一情、一事、一物、一景、一地等众多景象靠一意来贯通，这便是前一节所谈到的，王夫之一直强调"以意为主""言必有意，意必由衷。"

王夫之在《夕堂永日绪论·内编》中言："王子敬作一笔草书，遂欲跨

---

❶ 杨松年. 王夫之诗论研究 [M]. 台北：文史哲出版社，1986：39-44.
❷ 陶水平. 王夫之诗学"一意""一笔"论新识 [J]. 上饶师范学院学报，2000 (4)：52.

右军而上。字各有形埒，不相因仍，尚以一笔为妙境，何况诗文本相承递邪？一时一事一意，约之止一两句；长言咏叹，以写缠绵悱恻之情，诗本教也。《十九首》及《上山采蘼芜》等篇，止以一笔入圣证。自潘岳以凌杂之心作芜乱之调，而后元声几熄。唐以后间有能此者，多得之绝句耳。一意中但取一句，'松下问童子'是已。如'怪来妆阁闭'，又止半句，愈入化境。刘伯温、杨用修、汤义仍、徐文长有纯净者，亦无歇笔。"这里是引述字之体势一笔而成，偶有不连，而血脉不断。"一笔"原是书法用语，指代草书中笔笔相连，通体连接的笔法，一笔而成。在艺术表达上不枝不蔓，一气呵成，一意贯通的连贯感。书论中也有记载，唐代书论家张怀瓘《书断》中言："伯英（张芝字）学崔（瑗）、杜（度）之法，温故知新，因而变之以成今草，专精其妙。字之体势一笔而成，偶有不连，而血脉不断，及其连者，气候通而隔行。唯王子敬明其深指，故行首之字，往往继前行之末，世称一笔草书者，起自张伯英，即此也。"唐代张彦远《历代名画记》中由一笔书引申到一笔画，言："昔张芝学崔瑗、杜度草书之法，因而变之，以成今草书之体势，一笔而成，气脉通连，隔行不断。唯王子敬明其深旨，故行首之字，往往继其前行，世上谓之一笔草书。其后陆探微亦作一笔画，连绵不断，故知书画用笔同法。"两者都强调一笔草书重在笔势一气贯通，一气呵成，气脉相连。

宋代画家张若虚《图画见闻志》中也对一笔书和一笔画有所论述："凡画，气韵本乎游心，神彩生于用笔，用笔之难，断可识矣。故爱宾（张彦远）称唯王献之能为一笔书，陆探微能为一笔画。无适一篇之文，一物之像，而能一笔可就也，乃是自始及终，笔有朝揖，连绵相属，气脉不断，所以意存笔先，笔周意内，画尽意在，像应神全。夫内自足然后神闲意定，神闲意定则思不竭，而笔不困也。"（《图画见闻志》卷一《论用笔得失》）上述书画同理，也谈到画论、书论与文论、诗论互相参考，所见者广，所知者深，则会对中国古代文艺理论的总结更加透彻与深刻。而王夫之正是如此，他很重视这种一气呵成、血脉相连、气脉通连的审美特征，强调意在笔先，以意为主。

除了前文引用中提到的指出王子敬作一笔草书，虽然字字之间的笔画没有必然联系，但深谙书法中字与字之间笔意脉络相连贯的妙理，意在笔先的规律。在诗歌中王夫之也如同书法艺术中抒情之感，强调意的起承转合，用文字来表现行势、连贯不断、意的绵延，一笔而成妙境。如《古诗评选》中评论郭璞《游仙诗》之八："'将以'二字直贯到末，不促不杂，岂非圣腕！"《唐诗评选》中评李嘉佑《和都官苗员外秋夜省直对雨简诸知己》中言："通首只作一'和'字，四十字如一句。"评杜审言《秋夜宴临津郑明府宅》中言："一气始终，自是活底物事。"《明诗评选》中评薛蕙《宫中乐》中言："托意即以托体。止有一实，更无枝叶。"《古诗评选》中评袁淑《效古》中言："'谇此''乃知'四字相为始终，一篇如一句，自汉人风味，建安所不逮也。"

总之，"一笔"就是诗歌作品的艺术语言或艺术结构中所体现的一意贯通的连贯感，亦即指诗歌作品围绕一个基本的情感基调来运笔，做到结构紧凑、语脉相连、一气呵成。王夫之引证书论典籍，以一笔草书的艺术精神，用书法艺术的表现手法来比喻诗歌艺术中一气呵成的贯气，是其创新之处。书法意在表达抒情写意之美感，"达其情性，形其哀乐。"❶（孙过庭《书谱》）书法的笔墨线条以其流动、圆转、连绵与自由而豪迈来表现人格和情怀。王夫之所言的一笔说也是如此，以性情和流动酣畅的描写来表现诗人的真情实感。绘画上也有"意存笔先，笔周意内"的论点，在前文郭若虚《图画见闻志》的引句中有此句，用来强调艺术家在落笔运墨之前先对意境有了整体酝酿，才能凝聚集中一气呵成，形成有力的笔势，而艺术作品所包含的内容，是书画意的内在基础。王夫之也强调"意存笔先"，如言："神理流于两间，天地供其一目，落笔之先，匠意之始，有不可知者存焉。"即强调动笔之前有细微观察，展开广阔的想象的艺术思维活动，实践了"意存笔先"的艺术原则和艺术水准。如《明诗评选》中评高叔嗣《宿香山僧房》中言："总不向有字句上雕琢，只在未有字句之前淘汰择采，所以不同。"体现了创作者在酝酿构思阶段的选择与判断、重视取材，对意进行提炼加工，意存笔先。

此外，王夫之在引经据典后根据"一笔"草书的特点，加以概括，提出："一时一事一意，约之止一两句；长言咏叹，以写缠绵悱恻之情，诗本教也。《十九首》及《上山采蘼芜》等篇，止以一笔入圣证。"这是强调意的呈现是需要提取凝练、贯通合一的，婉转抒情之中曲折尽意。如他评《诗

---

❶ 北京大学哲学系. 中国美学史资料选编［M］. 北京：中华书局，1980：67.

经》中言:"自《三百篇》以来,但有咏歌,其为风裁一而已矣。故情虽充斥于古今上下之间,而修意絜篇必当有畔。"这是指创作者要抒发的情感充沛,但也要进行规范,讲究格局,精心剪裁,避免杂乱无章、漫无边际。这也是刘勰《文心雕龙》中谈到的诗文写作的"一"的重要性,"贯一为拯乱之药";张怀瓘《书议》中言:"草与真(楷)有异,真则字终意亦终,草则行尽而势未尽。或烟收雾合,或电激星流,以风骨为体,以变化为用。囊括万殊,裁成一相。""一笔"其实是包罗万象,一意贯通,并不是从首至尾毫无变化,还需要创作者具备概括、总结等方式体现艺术思想。郭若虚《论用笔得失》中谈到"意存笔先,笔周意内,画尽意在,像全神应"。这是强调一笔书、一笔画是符合书画家内心的情感意趣。

王夫之根据书论、画论中一笔草书、一笔画观点,并结合自己对"一"的精神阐述,《古诗评选》中曾评鲍照《拟行路难》一诗:"一以天才天韵,吹宕而成,独唱千秋,更无知者。……如铸大像,一泻便成,相好即须具足。杜陵以下字镂句刻,人巧绝伦,已不相浃洽,况许浑一流,生气尽绝者哉?"赞扬鲍照创作时充沛的情感一气呵成。另外,王夫之还强调重视艺术创作结构的浑然一气,不要拘泥于形式,才能获得生气灵动之感。即《姜斋诗话》中有言:"起不必起,收不必收,乃使生气灵通,成章而达。"在画论中也有谈到艺术结构的浑然一气,如清代张式论画,在《画谭》中有言:"全幅局势先罗胸中者,下笔便是笔笔生出,不是笔笔装出。至结底一笔,亦便是第一笔,古所称一笔画也。"绘画时艺术家需要胸有成竹,对艺术内容与结构有成熟的想法和气势表现,才能笔笔皆为妙笔,形成完美的艺术作品。由此可见,王夫之的"一笔"论点与书画创作理论中的一笔画、一笔草书观点相通,均是强调一气呵成、浑然一气、生气贯通、笔笔生出的艺术规律。艺术家应该以"一"之"气""意"贯通始终,气意凝聚,形成生机盎然、灵通舒展的艺术形象与意象悠远、具有生命张力、余韵悠长的艺术意境与动人情感。即王夫之在《明诗评选》中对顾梦圭《雷雪行》的评语:"意用一贯,文似不属,斯以见神行之妙。彼学杜、学元白者正如蚓蟮之行,一耸脊一步,又如蜗之在壁,身欲去而粘不脱。苟有心目,闷欲遽绝。"

二、神理范畴的创作论

王夫之在诗学著作中将"神"与"理"两者结合并融入画学思想,提出

"神理相取""神理凑合"等观点,形成了"神理"论。过去学者多以诗论为限来研究王夫之"神理"论,但诗画本一律,诗歌艺术与中国传统绘画艺术有着共同追求的审美旨趣,其艺术观点也与传统画学理论一脉相承、紧密相连。王夫之"神理"论思想中关于"神寄形中""神理相取"与"神理凑合"等艺术观点与中国传统画学的创作论有着内在的联系。

(一) 形神关系——神寄形中

"神"在中国古典美学史上是一个传统概念,许多美学言论中都有关于"神"的论点,中国哲学领域的"形神说"在战国末期至两汉时期较为成熟,并在魏晋时期进入美学领域,成为中国传统画学理论的审美概念。魏晋南北朝是古代画学论的奠基时期,并初步形成"形神兼备"的形神观。顾恺之曾在《魏晋胜流画赞》中提出"以形写神""传神写照"的美学观点,即不在乎对外在形象的描绘,而是把传达内在的"神"作为描绘人物神态气质的重要因素,也是判断人物画优劣的标准。南朝宗炳将"神"融入山水画评论与创作的范畴中,在《画山水序》中强调"应会感神",提出"山水以形媚道""澄怀观道"的山水"畅神"说,即山水乃自然造化的产物,山水之游是领悟天地之道的过程,画家在山水画创作时不仅描绘自然万物,而且参化生命玄机,抒发内心情感,具有内在神趣。中国传统绘画追求写意传神,赋予画面物象生命,正如唐代张彦远在《历代名画记》中论画之六法,指出:"夫象物必在于形似,形似须全其骨气,骨气、形似,皆本于立意而归乎用笔,故工画者多善书。"❶ 这强调绘画中要融会自己的精神意趣来达到形神兼备。宋元文人画更加注重神似,追求超乎对象"形似"之外的画之传神,强调内心情感的表达。苏轼曾言:"论画以形似,见与儿童邻";元代汤垕《画鉴》中把"传神"作为评价作品好坏的标准。到了明清时期,对于形神关系更为注重,明代董其昌在《画禅室随笔》中指出读万卷书,行万里路,才能胸中有丘壑,绘出山水"传神"之态。山水本身没有情感,但却能给予观者内心精神感受,因此山水画创作需要多游历,通过对山水物象的传神描绘,寄情山水,抒发情感。清代沈宗骞《芥舟学画编》中一卷也专论传神。由此可见,古代传神论的发展历程,是从以形写神、传神写照,到以

---

❶ (唐)张彦远,田村,解读.解读《历代名画记》[M].合肥:黄山书社,2011:26.

神写形、形神结合、形神兼备，逐渐对"神"加以重视。至当代艺术创作，关于形似与神似，美学家宗白华在《艺事杂录》中曾言："写影不写形"，"'影'即'真'，即'理'，而非'实'，非'形'。超以象外，得其环中之境物。"❶

王夫之继承了古代画学中顾恺之、苏轼等人的画论美学观点，谈道："神"，"神，非变幻无恒也，天自不可以情识计度，据之为常，称而已矣。""神，非变换不测之谓，实得其鼓动万物之理也。"❷ 宇宙之道（气之道、天之道）并不是遵循某种固定不变的规律，没有定数或者定理，也不能以某种预设的定理、定数来揣测宇宙的运动变化之道。即王夫之所言："'神'者，道之妙万物者也。易之所可见者象也，可数者数也；而立于吉凶之先，无心于分而为两之际，人谋之所不至，其动静无端，莫之为而为者，神也。使阴阳有一成之则，升降消长，以渐而为序，以均而为适，则人可以私意测之，而无所谓神矣。"

王夫之主张"神理"是将有形世界的形质联系在一起的，神形的统一是"合一"，即形神兼备，形神合一。神理是对有形世界的无限超越，这种超越必须建立在形神兼备的基础上，由形似到神似，离形得似，即为"无形君有形"。常以"神""神化"来评论已达天然之妙的诗歌作品，把气的运动变化言为"神化"，认为"其妙万物而不主故常者，则谓之神"。如他在评唐寅《落花》一诗中写道："三、四传神写照"❸，可见他运用了顾恺之的言论："四体妍蚩，本无关于妙处，传神写照，正在阿堵中。"这里的"阿堵"则是指目睛。评李白诗《春日独酌》："神化冥合，非以象取"；❹ 评刘庭芝的《公子行》："脉行肉里，神寄影中，巧参化工，非复有笔墨之气。"❺ 可见，他汲取了古代画学中关于神似的描述，认为诗歌创作也需要"神寄影中"，要"取神似于离合之间"，所以要"脱形写影"，这里的"脱形""神寄影中"是指取形之外，即指"取境"，而"境"的产生是形与神统一的产物，这要求艺术创作是符合于形，又超越于形达到神似，表现内在本质与生

---

❶ 宗白华. 宗白华全集（第二卷）[M]. 合肥：安徽教育出版社，2008：77.
❷（明）王夫之. 船山全书（第十二册）[M]. 长沙：岳麓书社，2011：68，70.
❸（明）王夫之. 船山全书（第十四册）[M]. 长沙：岳麓书社，2011：1494.
❹（明）王夫之. 船山全书（第十四册）[M]. 长沙：岳麓书社，2011：955.
❺（明）王夫之. 船山全书（第十四册）[M]. 长沙：岳麓书社，2011：889.

命气象，这也体现了古代画学中的形神兼备。可见，王夫之在评论诗歌中的神论所传达出的美学意义与传统画学理论是一脉相承、密切相连的。不仅如此，王夫之从唯物主义的辩证关系出发，对形神进行了详细的阐述，认为"神似"需要从心出发，深入生活、观察对象特征，更提出"含情而能达，会景而生心，体物而得神"❶的美学观点。即要求作者善于捕捉瞬间即逝的灵感，抓住事物本质后追求神似，即形神统一。正如他用绘画举例所言："两间生物之妙，正以神形合一，得神于形而形无非神者，为人物而异鬼神。若独有恍惚，则聪明去其耳目矣。譬如画者固以笔锋墨气曲尽神理，乃有笔墨而无物体，则更无物矣。"❷ 可见"形似"是"神似"的基础，即"得神于形"，只存在客观事物的真实描绘而没有生命的灵动，则是有形无神；反之，没有客观的审美主体，神韵则无所寄托，因此形神是辩证统一的，艺术创作不应该停留于"形似"或者单纯追求"神韵"，而是把握住客观形体后，对所感知的物象进行合理取舍，把似与不似相统一，即王夫之所言："形也，神也，物也。三相遇而知觉乃发。"从形似到神似，从有形到无形，形与神合一，超越有限，进入无限，超以象外，与生命相通，才能呈现无限生机，这也是画论中所言的"妙在似与不似之间"。古代画学重神，是对生命内在精神气质的重视，强调超凡脱俗，神与天地万物相结合达到天人合一，因而形神关系也是天与人的关系、内心与物象的关系，也是王夫之"体物得神"的观念体现。

王夫之主张"脉行肉里，神寄形中，巧参化工，非复有笔墨之气"，即超越形似而达到神似，如王夫之《唐诗评选》中所言："两间生物之妙，正以神形合一，得神于形而无非神者。"王夫之强调"形似"是神似的基础，但不应该停留在形似的水平，必须求其神似，才能满足人们的审美理想。为达神似，须对所感对象取舍选择，即王夫之在《古诗评选》中所言："取神似于离合之间"，这也是古代画学思想中一个深刻的论点。

（二）艺术关系——以神理相取，在远近之间

"神理"乃是万物的变化规律，"神"既是客观之神也是主体之神，是相对于形又寓于形之中，超乎形之上的事物的内在精神与心灵。认为"理"非

---

❶ （明）王夫之. 船山全书（第十五册）[M]. 长沙：岳麓书社，2011：830.
❷ （明）王夫之. 船山全书（第十四册）[M]. 长沙：岳麓书社，2011：1023.

"名言之理",也非宋代理学家所言的"天理","神理"是不能离开具体情境,而是在远近之间、情景相生之间的,非理性也非抽象所得,而是在主体的刹那感悟之间,在主体与对象自然而然的情境中生发出来的意象表达,具有深刻的审美内涵,因而王夫之在《唐诗评选》卷一中谈道:"脉行肉里,神寄形中,巧参化工,非复有笔墨之气。"神寓于对事物的感悟之中,需要对客观事物有所感悟才能体会。王夫之在前人的基础上提出"以神理相取"这个命题,指出构思阶段艺术创作者进行艺术思维的任务不仅仅是捕捉情与景,还要强调凭借巧妙的思理达到外景之神与内在之情的契合,即景会心,这和画学中强调"润物细无声"的真实感受一致,优秀的艺术作品出自直观感悟与情感流露,如宋代画院强调"格物致知,写生为本",清代画家石涛就曾说过"搜尽奇峰打草稿"。

"理"在宋代画学时期强调以理学思想来"格物求真"。在实际创作中,一些深沉富有灵性的创作充满着"理"的神妙,明末清初的大思想家、文学家王夫之将两者结合,立足于传统儒学基础,从实践出发,探求艺术创作的本质,创新性地提出"神理"论,认为创作和审美要以"神理相取","神理凑合"时就会自然恰得,创作应该"穷物理""尽思理"且超于象外。尽管"神理"论出现于王夫之的诗论著作中,属于一个空灵的概念,但它并没有严格的定义与划分,在其他艺术门类中也是能够适用并具有特殊意义的。"神"乃理智神妙变化的体现、本质或依据。古代绘画重神,强调超凡脱俗,重视生命内在的精神气质,达到天人合一的形神关系。王夫之以绘画为例论诗,指出二者合而为一时便形成了一个新的审美范畴,超越了两者各自的意义,王夫之"神理"与画学相结合,互相联系,从而形成更为复杂和深邃的审美意蕴。

"以神理相取"意味着创作者在审美感性中能够感知、把握客观物象,创造情景交融、远近之间、虚实相生、有无相生、韵味无穷的艺术意境与艺术理想,这与绘画艺术创作中的远近、虚实、形神、意象、质实和空灵等关系问题一脉相承。远与近并非物理空间概念,而是一种审美范畴,表现的是情与景、物与我之间的联系。写景状物是近,意味含蓄深沉、引人寻思遐想是远,生动鲜明的形象有着玄远无尽之意,这是艺术构思中"理"的成功表现。王夫之对"神理"论的创新性在于他提出的"神理"中的"理",不是神秘莫测之理,而是把握物象客观规律,是形象思维内在的逻辑与道理,即"以神理相取,在远近之间"。此处"近"乃写景状物,如在眼前,"远"则是指代艺术作品中意境深远,形象鲜明生动引人深思。王夫之从绘画角度出发,强调在艺术创作中"神理"的作用,画者所描绘的景物需要生动逼真,就需"以神理相取",探求事物内在本质生命意态,如此才能传神写照。此观点与古代画学中强调的"穷理""取真"相似,五代画家荆浩在《笔法记》中便提出"度物象而取其真"的观点❶,度是审度之意,取其真即图真,中国画不是单纯的对自然的描摹,而是描绘物象的内在精神气质,形似与神似的统一,着眼于整个自然,追求内在思想精神的天然流露。他从"真"的角度,讨论水墨存在的理由,认为"真"是追求自然的本真即物象内在的生命力,指出传统绘画观念中"画者,华也"。丹青妙色所表现的"华"或许只能表现外在形象的"苟似";而"画者,画也"是图真,表现的是大千世界的生命真实性。明代董其昌《画旨》中也谈论道:"朝起看云气变幻,可收入笔端。"❷ 强调观物体察,探究物象内在生命气象。明末清初画家恽南田认为绘画需要注重"元真气象",即归复生命的本真。清代书画家郑板桥善于画竹,同样得益于他善于对物象的观察,对实景的真实描绘,曾言:"江馆清秋,晨起看竹,烟光日影露气,皆浮动于疏枝密叶之间,胸中勃勃遂有画意。"在远近之间,远和近是具有婉转屈伸、富有暗示性和包孕性的。"神理"作为形象思维内在逻辑,对艺术构思具有规律性。即"以神理相取,在远近之间"情景交融的作品,写景状物,这是"近也",但是意味含蓄深沉,引人寻思遐想,这是"远也"。生动鲜明的形象有着玄远无尽之意,这是艺术构思中"理"的成功表现。

同时王夫之指出"以小景传大景之神",是要善于以小见大,以近示远。古代画学中绘景宛若在眼前,这是近;而其中含蓄韵味,引人遐想,这是远。运用"神理"这种特殊的艺术思维与审美规律,在物我之间、远近之间、情景之间、形神之间、意象与物象之间创造出某种联系。

---

❶ 周积寅. 中国历代画论 [M]. 南京:江苏美术出版社,2013:257.
❷ 周积寅. 中国历代画论 [M]. 南京:江苏美术出版社,2013:261.

三、现量范畴的创作论

(一) 显现真实与格物求真

王夫之将现量的解释侧重于对"现"的认识上,他指出:"现者,有现在义,有现成义,有显现真实义。""现在"是强调认识的时间性与空间性。在不同的时空中,认识的发生都有其独特性。"现在"就侧重在认识的瞬间性。王夫之认为现在还有一层含义,指身处现在,要与过去保持距离,即"不缘过去做影"。"现成"强调认识的瞬间性,"一触即觉",不需要思考,就认识了对象。显现真实强调在当下的时空中,在与对象接触的刹那间对事物自相的把握。王夫之对于"现"的解释并未突出前人的范围,但他简化了"现"的含义,为现量的世俗化奠定了基础。王夫之指出,"现量"强调审美体验的瞬时性和生成体验的新鲜性,即"即景会心"。强调"身之所历,目之所见,是铁门限",这是强调主体真实的生命体验。"显现真实"则是强调在场的当下的直觉性观照,这与画论中的格物求真异曲同工。王夫之反对"桎梏性灵,画地成牢"的死法,提倡"从心所欲不逾矩的自然之法"。这也是王夫之所强调的,在审美创作中的"本真"。本真状态是超越了知解思维的原始状态,是"悟"来体验,依靠艺术媒介来显示的。这就如同绘画中谈到的"得心应手,意到便成""造理入神,迥得天意"(沈括《梦溪笔谈·书画》),清代王士禛《池北偶谈》中谈到王维诗画:"只取兴会神到,若刻舟缘木求之;失其旨矣。"

在中国传统绘画的发展过程中,本真与求真的关系密切,"真"的论述最早在春秋战国时期便已有,至五代则有荆浩的"图真"说,庄子的"真在内者,神动于外"也成为当时诗画创作的追求。北宋时期格物求真的观念更加具体,艺术创作观开始向精微、谨慎的自然观察靠拢,但这并非西方的写实艺术,而是在中国人的意识中,世界万物的变化有着自然本体的外衣,人的认知需要透过这些流动变化,体悟到生命之存在,即造化,这其实也是"真""美"的统一,即真乃是老庄哲学中的道,求真乃是求道,也符合中国传统艺术追求的真谛。"格物求真"一词中格物来自宋明理学的格物致知,如程颢所言:"'致知在格物'。格,至也,穷理而至于物,则物理尽。"程颐有言:"'致知在格物',格,至也,如'祖考来格'之格。凡一物上有一理，须是穷致其理。"格物致知就是要至物穷理以致其知。格物即穷理，穷理方能致知。宋明理学以"穷理"为精，探讨自然现象、社会现象背后的本性。

学者郑昶曾言："宋人善画，要以一'理'字为主，是殆受理学之暗示，惟其讲理，故尚真；惟其尚真，故重活。"❶ 五代荆浩《笔法记》中提到"度物象取其真""物之华、取其华，物之实取其实，不可华为实。"强调"图真"，即对客观世界的审美要求的真，也是要求内外高度的统一，画者主观情感与客观物象的真正融合，才能达到气质之真。黄休复在《益州名画录卷中》对李升的品评是："李升……心思造化，意出先贤。数年之中，创成一家之能，俱尽山水之妙。"这里是谈到画家的主观情感有着心物意象的思考，讲究真性情。可见画论中的格物求真是讲究创作者描绘眼中所观、所见、所思、所感之真，求其本真，师法自然，感悟自然。同时文人画讲究真性情，是重视画家主观情感与主体性情的表达，也讲究"物我合一"。

王夫之的"显现真实"出自现量第三义，强调艺术构思中艺术真实与真实生活的统一，强调艺术形象思维方面，对艺术作品中显现客观对象本来的"体性"与"实相"，是客观对象作为一个生动完整的存在来看待的，不仅表现某一种特征，而是直面对象本身，将对象与创作者的情感融为一体，在收获自然与生活之美的同时，正视事物的本真，在直接的审美感性中表现事物的完整形态，并运用直观的方式去显现真实，这也含有"穷物理"的内涵意蕴，如前文中提到的王夫之评《诗经·周南·桃夭》中言："'桃之夭夭，其叶蓁蓁''灼灼其华''有蕡其实'，乃穷物理。夭夭者，桃之穉者也。桃至拱把以上，则液流蠹结，花不荣，叶不盛，实不蕃。小树弱枝，婀娜妍茂为有加耳。"强调创作者创作应该"穷物理""尽思理"，需要揭示客体物象的共相，也要体现其特殊性和真实性，通过"内极才情，外周物理"来洞察事物的直觉能力来表现其神韵，以达到艺术真实与生活真实的统一，这其实是对艺术构思中形象思维的一种更高要求与标准。

(二) 主客本质——一触即觉

"一触即觉"出自王夫之"现量"说中关于现成之义的深层解释，"一触

---

❶ 郑昶.中国画学全史 [M].上海：上海书画出版社，1985：76.

即觉，不假思量计较"。"现量"说是以"人"为根基的，在人与世界的沟通之中，"一触即觉"则包含着"触"与"觉"的主客关系，"触"强调主体对客体的审美感知力，主体阅世历见方为"触"的源泉。可以说"触"的敏锐发现力是"觉"的前提，"觉"是视觉伴随的深邃洞察力。这蕴含着审美意识在进行审美体验是不经过推理便能获得契机，瞬间觉悟，但又强调前提是以往经验与情感的理性化认识，才能"一触即觉"。因此，这强调了审美主体对客体的直接感受能力，主体可能无须思考便达到了高峰体验感，率性施展自己的创作力，并释放胸中之情感，展现出瞬间的刹那美感，达到自然时空与审美心理时空的统一。"一触即觉"的瞬间性注重创作主体凝神观照的迅速反应，有着透彻的妙悟，这种妙悟如同瞬间的"豁然贯通"，主客体之间的"一触"与"即觉"只在刹那之间，这也是对主体进行艺术创作时心理特征的一种精彩而生动的阐释。

在上述阐释中，能够发现一触即觉蕴含妙悟之感，南宋严羽曾言："大抵禅道惟在妙语，诗道亦在妙悟"，王国维也曾在意境说中强调第三意境为灵感到来时所显现的偶然性和突发性特征。这种直觉感悟的灵感需要艺术创作者在长期探索中才能迸发体现，具有突发性和瞬时性。虽然王夫之所言的"一触即觉"并非完全是灵感之意，一触即发更强调一种感官效应，但两者也有相似之处，同样是中国传统美学精神的外在表现。同时，王夫之所言的诗歌中的"一触即发"的创作状态源于只可意会的境界，伴随着潜在的想象力，这种想象力是日常生活中综合感受与体验的瞬间释放，让思维处于活跃的状态。这种想象力与思维的形成需要瞬间性与长期性的统一，在外在条件的刺激下，能够偶然得之的前提是长期生活的体验与创作实践的积累，这点在画学中也是如此，正如郑板桥所言："精神专一，奋苦数十年，神将相之，鬼将告之，人将启之，物将发之。不奋苦而求速效，只落得少日浮夸，老来窘隘而已。"清代学者袁守定在他的《占毕丛谈·谈文》中有言："然须平日餐经馈史，霍然有怀，对景感物，旷然有会，尝有欲吐之言，难遏之意，然后拈题泄笔，忽忽相遭，得之在俄顷，积之在平日，昌黎所谓有诸其中是也。"这里"得之在俄顷"的创作状态源于长期的积累，在实践中升华感受，才能"一触"时引发联想，获得妙悟。

因此，王夫之所言的"一触即发"的这种创作状态是有前提性的，这种瞬间的领悟需要长期的渐修。同时，也强调自由和偶发性，正如清初画家石涛所言"法无定发""予诗意以为画意,未有景不随时者。满目云山,随时而变。以此哦之,可知画即诗中意,诗非画里禅乎?"(《苦瓜和尚画语录》)这就强调了艺术创作之前没有设定,师法于心,物随心转,随着情感、境地而处于变换之中,才更接近纯粹的表达。王夫之强调的这种一触即发的诗性状态不也正是中国传统绘画心性的表达吗?这种诗性的状态让画家灵感思维空间进入物我两忘的创作情境之中,更加趋于艺术的本质,让作品精神审美呈现高度和谐,心灵秩序呈现高度统一,进入"天人合一"的理想之境,创作者的情感也得到了升华。

四、象外范畴的创作论

(一)视觉关系——象外圜中

王夫之所言"象外圜中",因主要凭借视觉体验发挥作用,因而"象外圜中"与绘画的关系更为密切,也成为诗画之间的一个重要交织点。

古人一直以来就有"立象尽意""观象取意"之说,南北朝理论家刘勰在《文心雕龙·神思》中将"意"与"象"结合起来为一词,即"独照之匠,窥意象而运斤"。结合为一词,来阐述艺术创造的想象力❶。唐宋时期"意象"在艺术创作中已经成为追求的境界,要求心与物、主体与客体相融合。至明清时期,王夫之把"意"摆在首位,讲究立意,同时需要营造艺术氛围,让观者如身临其境,从而产生情感共鸣。他认为审美意象表达分为"象之内"与"象之外",王夫之言"有神行象外之妙"。象之内即作品中直接呈现的是实象,象之外即超越实象之外的悠远意境,即画论中"无画处均为妙境"。例如王夫之评《折杨柳》:"有神行象外之妙"。审美对象所能表达的内容分为"象之内"和"象之外"。"象之内",即作品中直接呈现的是审美主体,可谓之为实象。"象之外",是超越于实象之外的虚实结合的悠远意境,是艺术实境的升华,即王夫之言:"神理流于两间,天地供其一目,大无外而细无垠,落笔之先,匠意之始。"(《古诗评选》卷五)这时的审美意象扩大到了象外之象的领域。"象之外"是超越审美主体之外的景外升华,是虚实结合的意境之景。王夫之认为"象外说"发展在于强调化实为

---

❶ 胡海,杨青芝.《文心雕龙》与文艺学[M].北京:人民出版社,2012:89.

第二章 王夫之美学中的传统画学哲理

虚,寄有于无,认为意境在具象之外还存有一个虚象,正如王夫之所言:"'天际识归舟,云中辨江树',隐然一含情凝眺之人呼之欲出,从此写景,乃为活景。"可见意境的生成是虚实结合的"象外之象""象外之意",是"象外"与"圜中"所构成的空中结构,即超脱于物象之外而得其精髓。即王夫之在对胡翰《拟古》的评语中有言:"空中结构。言有象外,有圜中。当其赋'凉风动万里'四句时,何象外之非圜中,何圜中之非象外也。"这是对唐代司空图提出的"超以象外,得其环中"言论的发展。❶王夫之所言的"象外"说是虚实相生,不即不离的"象外之境",有近有远,有虚有实,一切虚无的东西也需要实的物象来支撑,强调"虚无"必须通过"有"来实现,那么"无"才更加可贵。同时,他认为"无极可有,有不可无;朴可琢,琢不可朴"。即如果让一切都实而满,达到了极限,那么必然会失去意境的美感,比如质朴还能有雕琢余地,而雕琢过头了却难以还原质朴的境界。例如王夫之欣赏的诗句"池塘生春草""蝴蝶飞南园",此中蕴含境之实与虚之灵,因而有着幽远无穷的意境。这也是他所认为的"象外"虚拟性,与作者的想象有关,是以外在"实"的形象显示"虚"的内心心境,蕴含了古代绘画艺术中的"计白当黑""虚实相生"意味,留下了空间和余地,把虚景与实景结合,给予观者想象的空间,达到了"无画处均成妙境"的艺术境界。

王夫之对于"象外圜中"的理解,常借用画论之意来评论诗歌。如《古诗评选》中袁淑《效古》一诗的评语:"'四面各千里',真得笔墨外画意!唐人说边关景物尽矣,皆无此妙。"❷ 又如《唐诗评选》中马戴《楚江怀古》一诗的评语:"'广泽生明月''云中君不降'二句:'可谓笔外有墨气。'"❸这里均是以画论诗之"象外",从绘画角度阐释"象外圜中"。王夫之认为实即是圜中,虚是象外,他从画论中"势"的"由实见虚""以少见多"等内容丰富诗论中"象外圜中"的内涵,为其美学理论提供更为广阔的思维。

"象"在绘画中常与"形"相连,"形"和"象"是有差别的,"形"是客观事物的现实形状,是外视型(外视觉);"象"是客体事物在主体心中的

---

❶ 崔海峰. 王夫之诗学范畴论 [M]. 北京:中国社会科学出版社,2006:117-118.
❷ (明) 王夫之. 船山全书(第十四册)[M]. 长沙:岳麓书社,2011:747.
❸ (明) 王夫之. 船山全书(第十四册)[M]. 长沙:岳麓书社,2011:1041.

映射，是对客观事物形状的主观感受再现，是内视型（内视觉）。王夫之的"象外圜中"，是立足于"象"，即内视型（内视觉）的维度与内涵之中。但也分为"象外"与"象内"，也是诗画相通的内在层面。王夫之在《夕堂永日绪论·内编》中所言："'君家住何处？妾住在横塘。停船暂借问，或恐是同乡'，墨气所射，四表无穷，无字处皆其意也。"❶ 其所言之景是"象内"，也就是"圜中"，无字之处是"象外"，在此句中女子自问自答是"象内"，言语之外隐约可见的思乡之情是"象外"，这种描绘方式与绘画中咫尺见万里之势是相通的，都是"含不尽之意"。

此外，王夫之提出艺术家应该从生活体验中养成艺术修养与审美概括能力，从中提炼出典型性的艺术语言与符号，描绘带有本质特征的局部形象，以小景写大景，以近景写远景，以此来涵盖整体，达到象外之象的美学效果。为了阐述此观点，他旁涉诸艺，以绘画艺术为例，指出画家描绘景物，如果没有亲身的感受，那他所画景物尽管笔墨俱佳，但只是"有笔墨而无物体，则更无物矣"，也无法生动地描绘出事物的特性。高明的画者在落笔时已经胸有成竹，以小驭大，也是物象对心象的心灵转换，达到心灵映射万象。在中国传统绘画中十分强调心性的表达，正如石涛在《苦瓜和尚画语录》中所言："夫画者，从于心者也"❷，绘画艺术不是在于对自然景物的客观描述，而是心灵对物象的体悟活动。艺术创作以物象为准则，追求神似，强调与天地宇宙沟通往来的内在精神，是把具体的形象自外而内的转化，自物象向心象转化，即"外师造化，中得心源"。中国画特有的抽象笔墨语言构成了意象造型，在描绘物象时不应该为形象所拘束，那样是描绘不出富有神韵的"大象"，只有不拘泥于象，方能得其"真"。因此，王夫之的美学理论高度已经从哲学领域转化为艺术境界，"象外之象"的美是他所贯彻的美学原则。王夫之"象外"说的阐述不仅存于诗歌等文学作品，也适用于绘画艺术领域。

象外之言最早出现在画论之中，南朝宋宗炳曰："旨微于言象之外者，可心取于书策之内。"南齐谢赫《古画品录》中在评价张墨之画时谈道：

---

❶ （明）王夫之. 船山全书（第十五册）[M]. 长沙：岳麓书社，2011：838.
❷ （清）石涛. 苦瓜和尚画语录[M]. 济南：山东画报出版社，2007：3.

"若拘以体物，则未见精粹；若取之象外，方厌膏腴。可谓微妙也。"❶ 这里是指作画时能够体悟到物象之外的事物，只有这样才能使画作更加精妙绝伦，强调绘画不拘泥、停留在事物的表面，而是要突破和透过有限的象，来表现人物的内在精神，才达到微妙传神的境地。唐代张彦远《历代名画记》中评谢赫"六法"曰："以形似之外求其画，此难与俗人道也。""形似之外"力求传神，实即"象外"。明代画家王履《畸翁画叙·华山图序》中言："得其形者，意溢乎形"❷，是强调"意"溢出形的"象外"特征，这和"象外圜中"的意蕴更为接近。

为了阐述象外圜中的含义，并论证由圜中而至象外这一观点，王夫之引入了画论中"咫尺有万里之势"的说法，以文艺创作中的绘画来反论诗歌创作，以画作中"以实见虚""以少见多""以有限表现无限"的"生势"过程，来阐明诗歌中"无字处皆其意"的"势"之生成过程。画论与诗论在超以象外，象外圜中这一层面上得到美学的契合，也是厘清诗画合一，诗中有画的视觉维度与内涵。

（二）生命传达——神化冥合，非以象取

王夫之《唐诗评选》中言："以庾鲍写陶，弥有神理。'吾生独无依'，偶然入感，前后不刻画，求与此句为因缘，是又神化冥合，非以象取。"这里强调"神化"以达到取象之意。"神化"一词是中国哲学的一对独特范畴，可以追随至《易传》，《史记·滑稽列传》载孔子曰"《易》以神化"，《易传·系辞》屡言"通神明之德""阴阳不测之谓神""神无方而易无体""神也者妙万物而为言者也""神而化之""穷神知化"等。后张载将《易传》的神化论思想进行发展，而王夫之将神化的研究推向更符合真实情况和内在逻辑。曾言："张子之言，神化尽矣，要归于一""张子推本神化，统动植于人而谓万物之一源""张子之学，得之《易》者深，与周子相为发明。而穷神达化，开示圣学之奥。"❸ 可以说，王夫之发扬了张载的神化论哲学观点。在所撰的《张子正蒙注》之《神化》篇中言："此篇言神化，而归其存神敦化之本于义，上达无穷而下学有实。张子之学所以异于异

---

❶ 俞剑华. 中国古代画论类编［M］. 北京：人民美术出版社，1998：357.
❷ 俞剑华. 中国古代画论类编［M］. 北京：人民美术出版社，1998：707.
❸ （明）王夫之. 张子正蒙注（卷2上·神化篇）［M］. 北京：中华书局，1975：76, 3, 239.

端而为学者之所宜守，盖与孟子相发明焉。"❶ "神者，不可测也。不滞则虚，善变则灵，太和之气，于阴而在，于阳而在。""神"是"絪缊不息，为敦化之本"❷。"神"是阴阳二气之絪缊升降，生化为万物之根本，"神"是气之神。"化"则是："自太和一气而推之，阴阳之化自此而分，阴中有阳，阳中有阴，原本于太极之一，非阴阳叛离，各自孳生其类。"❸ "化"是气之化，即王夫之认为气所蕴含之神是流动变化、不可测定的，自因而化二分之为阴阳，阴阳互相变化，并非截然分离。神之生化而成"象"、成"物"，则是所谓"化"，"化"是"神"生成人与万物的内在动因。因此所谓气化，乃是神之气化；所谓神化，乃是气之神化。王夫之言"神"，有天之神、万物之神、心之神等解释，认为"天生万物"，即太虚之气生万物，物之神与心之神都来源于天。气有其神，王夫之在《张子正蒙注·序论》中言："天之外无道，气之外无神，神之外无化"；气之神化，就是气之神的奇妙变化，又在《思问录》中言："君子之言天，言其神化之所至者尔""至于神化而止矣"。关于气与神的具体内涵，王夫之认为气乃物质之实体，神为其属性，"神者，气之灵，不离乎气而相与为体，则神犹是神也。"王夫之主张气之神能够包容万物的变化、气的运动变化能力、妙用和内在根据。即"妙合无方之神""造化之妙，以不测为神""精微之蕴，神而已矣""未效于迹而不昧其实，神之所自发也"。"未聚则虚，虚而能有，故神"，在这里的"神"就是内在的根据和能力。王夫之认为：其一，神为气动之能然，即"太虚者，本动者也"。其二，神为太虚之用，这是说明气之神为气的运动能力。其三，气之神来自气之体性，气之体性是气之神的内在根据，即"太和絪缊、有体性、无成形之气也"。其四，神随着气无间不息，即"气之所至，神皆至焉。气充塞而无间，神亦无间"。其五，气之神妙在于理。气之神妙不测有着言其奇妙性、言其神速性、言其复杂无穷性，即王夫之言："天地之间，事物变化，得其神理，无不可弥纶者。"

作为"气"之灵的"神"跟随着"气"的聚散而起作用，可见之物或者不可见的虚气均是如此，故有言："凡虚空皆气也，聚则显，显则人谓之

---

❶ （明）王夫之. 船山全书（第十二册）[M]. 长沙：岳麓书社，2011：79.
❷ （明）王夫之. 船山全书（第十二册）[M]. 长沙：岳麓书社，2011：76.
❸ （明）王夫之. 船山全书（第十二册）[M]. 长沙：岳麓书社，2011：46-47.

有；散则隐，隐则人谓之无。神化者，气之聚散不测之妙，然而有迹可见。"这里提到的"气之聚散不测之妙"便是"神化"，是我们感官所能感受到的变化所留下的痕迹。王夫之在张载的"气化"论点中更为深入地提出"气之化也"。张载提出"气有阴阳，推行有渐有化，合一不测谓神"❶，阴阳二气的渐化是不测的妙用，这种妙用之所以显示出"神"，是因为"合一"，在于"一于气而已"。王夫之在此基础上对其观点进行承续，注重论"气"的材质性，注重一贯动态的整体呈现。如曾言："天之所以为天而化生万物者，太和也，阴阳也，聚散之神也。"❷ "太和"是"阴阳"与"聚散之神"的根本。阴阳二气聚为五行之气或四时之气，五行之气充满天地，并与四时之气相感相生，成了万物的直接材质。从氤氲之气、阴阳二气到五行之气、四时之气，再到万物的产生，这个过程便是"气之化"。"天以神御气而时行物生"❸，即化是万物生成的过程，也是"天以神御气"的过程，即神化。同时，王夫之还注重万物之化中有"物之化"和"人之化"的区别，这是根据化的类别性区分，同时还注重静态结构的细微区别。张载在谈到"法象"时说："凡天地法象，皆神化之糟粕尔。"王夫之在《张子正蒙注》中言："日月、雷风、水火、山泽固神化之所为，而亦气聚之客形，或久或暂，皆已用之余也。"❹ "糟粕"在这里是陈迹之意，这就是说，日月、雷风、水火、鱼鸟草木等天地万物都是通过神化后所留下的、可以捕捉的陈迹。万物轮回不息，日月发光于外，收敛于内，四时循环往复，风雨雷电的交错等自然现象之兴息有时，它们对于阴阳之开端而言都是短暂而有来有去的客体呈现，但氤氲之气的神聚才是不变的主体。

因此，神化阐释了宇宙天地运行不息，人与万物生生不息之本源。因此才有"神化冥合，非以象取"的意蕴，以传达对生命的表征。王夫之所言属于朴素唯物论，虽然难免以主观臆测的联系加之于世界之上，会有非科学和不彻底性，但从总体上而言，我们可以衡量其优缺点，批判性继承，从思辨的角度对其作出总结，并借鉴其理论思维的历史内涵。

综上所述，王夫之美学中的画学观点从艺术创作本体上概括了构思阶段、

---

❶ (宋) 张载. 张载集 [M]. 北京：中华书局，1978：16.
❷ (明) 王夫之. 船山全书 (第十二册) [M]. 长沙：岳麓书社，2011：369.
❸ (明) 王夫之. 船山全书 (第十二册) [M]. 长沙：岳麓书社，2011：78.
❹ (明) 王夫之. 船山全书 (第十二册) [M]. 长沙：岳麓书社，2011：34.

创作者进行艺术思维的主要任务和方法,如从画学而来的"势"到如何"取势"。同时,其画学观点也体现了王夫之崇尚自然的美学思想,即"身之所历,目之所见""内极才情,外周物理",也要求在艺术传达时创造出一种"情景相融""在远近之间"的艺术境界。其中对"以神理相取"进行美学解读,并提出艺术创作中"灵感"出现的某些特点。灵感出现在"神理凑合"的"俄顷",即客观与主观内在之情理最相契合的瞬间。

第四节　画学哲理中的审美论

一、意象范畴的审美论

(一) 审美意象——身之所历,目之所见

对于审美论的阐述,可从审美意象、审美观照、审美体验中去探索。

王夫之所言"身之所历,目之所见,是铁门限",强调审美意象的获取需要有亲自实践的直接性,需要对客观事物有直接的感受,即"循质以求""貌其本荣"(《古诗评选》卷五),才能"内极才情,外周物理",这和石涛提到的"搜尽奇峰打草稿"以及宋代画学追求的"图真"思想一致。同时也与苏轼所言"论画以形似,见与儿童邻;赋诗必此诗,定非知诗人"有相似的观点,均是强调作画不能以形似而论,论画当求画外之意,赋诗不能执拗于此诗之中,写诗当道出诗外之音。

(二) 审美生命态度——气韵与幻境

汉字"美"的初形即体现出以生命为美的大美学观念,从周易的"天人合一""天地之大德曰生"等生命哲学、生命美学范畴,到《老子》阐述的"气""象"等法则,无一不高度重视古典美学的生命美这一最高理想境界,一种以天地之心为内涵的生命意识与生命时间,审美生命态度集中在王夫之气韵说的阐释之中。

从作品内容的生命本质上,王夫之反复强调气象、气韵,认为"气"(生命)具有最高等级的审美价值:"乃使生气灵通,成章而达"(《夕堂永日绪论·内编》之十八)。"从容涵咏,自然生其气象"(《诗译》之三),"只于心目相取处得景得句,乃为朝气,乃为神笔"(《唐诗评选》卷三),"不然,气绝神散,如断蛇剖瓜矣"(《诗译》之十)。王夫之从"天人合一"的生命美学本体、本质上认为:"天地之产,旨精微茂美之气所成,人取精以养生,莫非气也。"(《周易外传》卷五)

(三) 审美建构——势意与壮境

王夫之"意象"说中的"势"与"意",阐述了艺术辩证法内涵的美学理论:"势"与"意"辩证统一的内涵。前文所提到的"以意为主,势次之。势者,意中之神理也"。"论画者曰:咫尺有万里之势。一'势'字宜着眼。若不论势,则缩万里于咫尺,直是《广舆记》前一天下图耳……墨气四射,四表无穷,无字处皆其意也。""宽于用意,则咫尺万里矣",这是王夫之论势与意的最高境界——壮境。当"势"达到了咫尺万里的张力与曲折回旋的蕴蓄感、超越笔墨之外的力度和穿透力时,便呈现出壮阔的境界。王夫之一方面强调"意"为主,高度肯定"意"作为作品生命内容、生命精神的价值,反对"意"是一种抽象的、理性的、概念化的、作者主观上欲强加于作品的理念,而是一种具体的、形象的、与"象"相结合的、感性与理性相统一、形神情理统一、主客观相统一的整体;另一方面更侧重于从"势""意"辩证结合中去阐发"取势尽意"的观点,从"势"的生命力量运动节奏上去分析"势意合一",即"势"由"意"主导,"意"靠"势"展开。在审美意象创造体验过程中,"论势"要"宜着眼"。王夫之之所以强调"势"与"意"的关系,是因为"意"与"势"相结合方能产生艺术力量和艺术效果。

二、情景范畴的审美论

(一) 审美情感——情景相生

前文对于"情景"说的论述中已经谈到情景关系是中国古代文论中常被提及的论题,而情景相生则是其中意境创造的美学范畴。

"情景"为何要"相生"?首先,文艺的根源在于不平静的激情打破了平静的性情,痛苦或者快乐需要向外发泄,因而文艺成为人喜怒哀乐等情感宣泄的产物。这是情景相生的内部原因。从外部原因而言,则要追溯到中国古代文论对于情景相生的论述。根据中国古典美学中的"物感"说,情景从主体上是由人心生、情动于中,从客体上来说是物使之然,合并便是情动于中,感于物而动。刘勰《文心雕龙》中提出"情随物迁";唐代开创了"情景交融"与"情景相生",如王昌龄《诗格》中提出"事须景与意相兼始好"。范晞文在《对床夜语》中提出"景无情不发,情无景不生";明代时期"情景相生"之说论述更为充分,如谢榛《四溟诗话》中言:"诗乃模写情景之具:情融乎内而深且长,景耀乎外而远且大""情景相融而为诗,此作家之常也"。但上述论述对于情景相生的关系仅停留在创作实践或诗歌欣赏之中,没有从理论的高度和审美情感的角度阐释情景相生的关系。

王夫之所言的情分为两种:一是兴观群怨中为四情。这里包括社会教化内容和社会理性内容。情是兴观群怨的主体与核心,把社会教育作用的相关事物联系在一起。二是创作情感的诱发,来自与景物的巧妙融合,景可以生发为情,情不受景的束缚,情因景而生,情中有理在。情感的来源并不是单纯的与外在景物刺激有关,更是理性相连之情,是感性与理性相统一的综合产物。

景中生情,情中含景,人与自然有着深层的联系,通过自然感兴深入才能呈现,审美情感触及自然美的本质问题——情景。王夫之美学中审美情感的基本结构就是情景这一美学范畴,其中"情不虚情,情皆可景,景非虚景,景总含情",这是对审美意象结构分析的原则,"情景名为二,而实不可离,神于诗者,妙合无垠。巧者有情中景,景中情。"(《夕堂永日绪论·内编》之十四)"取景从人取之,自然生动。"(《古诗评选》)"景中有人,人中有景。"(《古诗评选》)综上所述,可将"情景"说审美生命意象分为四种建构类型。基本型:景中情与情中景;两种特殊型:人中景与景中人。王夫之认为"景"可以分为:一是作品中已经存在的自然之景;二是客观存在的景物;三是主体依据情感推想出来的、存在于想象世界之中的各种景。而"情"的重要作用则是使客观外在景物和外在世界充满了主体情感色彩。

情生景与景生情,都是心物交感、情景交融的体现。客观对象之景的依赖性是情的本质特征,有依赖于人的主观情感、意识去认识体验的基本特征。即王国维所言:一切景语,皆情语也。情景相生中,"情"的地位至关重要,王夫之认为描绘景物是创作者表达情感所借助的手段,真正目的是要把情感体现出来,并藏于景物之中,因此"情中景尤难曲写"。同时,他还强调"心目为政,不恃外物",即创作者需要直抒胸臆,抒发自己独特的情感。

"互藏其宅"是情景相生的体现方式,即"哀乐之触,荣悴之迎,互藏其宅","互藏其宅"是指阴阳二气彼此互有、互隐互见,诗歌中的情与景遵循着阴阳二气的运动变化规律,互相作用,而情有哀乐之分,景可以包罗万象,因此有着哀伤之情与兴盛之景相值,枯槁之景与欢愉之情相取。这是要求描述含有情的景,在描述悲喜时藏有景物,是主体的审美情感与自然社会图景的互相生发、诱导与包容。人心中的悲伤或者欢乐的情感一旦与外界欣欣向荣或者衰落萧条的景物接触,二者之间便会产生互相生发渗透的情感。特定的情不一定与特定的景相关联,也就是说景之荣悴与情之哀乐之间并不是绝对对应的,也就是王夫之哀乐相反相成的观点。即《诗译》中言:"以乐景写哀,以哀景写乐。"其创新之处在于对自然之景的客观性的认识,明确景物所体现出的情感只是主体感情的透射,自然景物在本质上并非代表具体的情感,这就要求艺术创作者能够准确解读物质世界存在的物和生命,按照事物的本来面目进行真实描绘。

同时,情景相生还表现在"截分两橛,则情不足兴,而景非其景"。即情与景互相界定,客观存在的景物因情而生成意象,引发创作者形成审美情感。因而,情景相生从审美情感而言具有三个层次:一是情与景并非独立的个体,而是相互依存、不可分离的。二是情的生发依赖于景,景的呈现也需要情的参与,情与景互相触发、生成。三是诗歌中情与景互相赋予意义,互相界定和互相作用。

(二)审美主体——情者,阴阳之几也

王夫之曾言:"情者,阴阳之几也;物者,天地之产也。阴阳之几动于心,天地之产应于外。故外有其物,内可有其情矣;内有其情,外必有其物矣。袗衣之被,不必大布之疏;琴瑟之御,不必抱膝之吟;嫔御之侍,不必缟綦之乐也。絜天下之物,与吾情相当者不乏矣。天地不匮其产,阴阳不失其情,斯不亦至足而无俟他求者乎?均是物也,均是情也,君子得甘焉,细人得苦焉;君子得涉焉,细人得濡焉。无他,择与不择而已矣。……故曰发乎情,止乎理。止者,不失其发也。有无理之情,无无情之理也。"❶ 这是对情与理、情与物关系的解释,情在内,物在外,情与物相互感应,情与理别为二物,却相即不离。

---

❶ (明)王夫之. 船山全书(第三册)[M]. 长沙:岳麓书社,2011:323-324.

上述言论中第一句"情者，阴阳之几也"，分为阴阳之实与阴阳之动。情是心有其诚，其情亦固有之，情之动几，有着极其细微的运动变化，因而不可谓之无。从审美主体来看，阴阳二气与审美、艺术之间的联系，自魏晋以来就有，将阴阳二气的艺术原则与艺术表现美相关联，魏晋时的"文以气为主"，六朝时的"气韵生动"，均是把"气"从哲学领域发展至美学领域，王夫之提出气不仅是情感运动的标志，也是宇宙之生命的代表，是美的本源和本体。在王夫之气本体论的美学阐释中，意象被视为艺术的本体，意象是情与景的融合，而"气"则是情景（即心物）相取的哲学基础，曾言："有识之心而推诸物者焉，有不谋之物相值而生其心者焉。知斯二者，可与言情矣，天地之际，新故之迹，荣落之观，流止之几，欣厌之色，形于吾身以外者，化也；生于吾身以内者，心也；相值而相取，一俯一仰之际，几与为通，而浡然兴矣。"王夫之认为艺术情感的迸发是在"一俯一仰之际"，心与物之间接触时"相值相取"，从而达到自然契合。王夫之从"气—物—情—诗"的递变来说明艺术情感生发的路径，进而发展为从审美意象的感兴视点来看待艺术情感，主客体相互映射，创造性地生发出情景合一的审美意象。他以气本体论为内理，对天人合一进行创造性解读，从哲理思辨中生发审美情趣的阐释，在审美存在论中融入哲学基础。

陆机与刘勰曾谈到形象思维在审美中的地位，重视穷情写物的表现过程，将艺术构思中意境的实现归于心物、情景关系生发在"感应"之中。如陆机在《文赋》中言："其始也，皆收视反听，耽思傍讯，精骛八极，心游万仞。其致也，情瞳昽而弥鲜，物昭晰而互进，倾群言之沥液，漱六艺之芳润，浮天渊以安流，濯下泉而潜浸。"刘勰《文心雕龙》中言："是以诗人感物，联类不穷。流万象之际，沉吟视听之区，写气图貌，既随物以宛转，属采附声，亦与心而徘徊。"

王夫之所言的"阴阳之几"，何为"几"？他在《周易内传》中提道："几者，变之微也"，"几，期也"。又在《孟子·告子上》批注有言："气之诚，则是阴阳，则是仁义；气之几，则是变合，则是情才。""几"有"变合"之义，即动态变化之意，"气"的动态变化就是"情"。"情"诞生于人与宇宙之间的动态交互，是主体的人与作为客体的天地万物互相作用的结果，是人之心与外之物相互交感的自然结果，主体因与客体互动而产生的感性经验，是物欲相引、心物相取、心物相交的连贯过程。如《读四书大全说》："盖吾心之动几，与物相取，物欲之足相引者，与吾之动几交，而情以生。然则情者，不纯在外，不纯在内，或往或来，一来一往，吾之动几与天地之动几相合而成者也。"这便能理解"情者，阴阳之几也"一句的含义。"阴阳之几"，王夫之从形而上的层面对"情"做出阐释，论述人与天地万物之间原始而亲密的互动，心与物之间的互通交感。诗之情是人之情在作品中的透射，故王夫之言："夫觌其所不可见，觉其所不及喻者，其惟几与响乎！而几与响，亦非乍变者也。《诗》之情，几也；《诗》之才，响也。因《诗》以知升降，则知其治乱也早矣，而更有早焉者，故曰《雅》降而《风》，《黍离》降而衰周道之不复振"❶，这是诗之情亦有其"几"，"几"乃诗之情，"响"乃诗之才。

三、现量范畴的审美论

（一）审美观照——现量思维

首先，产生审美意象的前提是需要有审美观照。审美观照是人的感觉器官接触客观事物时产生的直接审美感兴，审美观照中所显现的事物也须是生动的、完整的，因此王夫之强调对于客观事物的观察必须具有"现量"的性质，即强调在创作中必须对现实生活有审美观照，从而获得审美意象，即"现量"的"即景会心"以直觉审美观照为基石。

王夫之美学思想是他的哲学思想的延伸，是其哲学思想的有机组成部分，因此他在阐发美学问题时思辨色彩强，既有深度又有广度，气势恢宏，立论新颖，尤其是具有综合感性派与理性派特征的"现量"意义深远，而"现量思维"也体现其艺术哲学高度。

同时，王夫之针对"一念之初发"的表述，来论述涉及现量的超越性特征，即人的认识灵感到来时突破具体事物的滞碍和身体感官的限制，而厘清事物之间复杂的联系，贯通众多道理的状态。王夫之认为，仅凭新的思维获得的东西，不是现量的知识，他夹杂了太多的偏见和利害关系，很难与客观事物的实际相融合，因而是不可靠的，同样仅凭感官所获得的经验性的知识也是不可靠的。现量是由心与境合，融汇了"细微之机及广大无边境

---

❶ （明）王夫之. 船山全书（第三册）[M]. 长沙：岳麓书社，2011：479.

界",是局部与整体、具体与抽象、感性与理性的统一,这才是可靠的。

(二) 审美意识——现量之美

"现量"作为第六意识,根据前文所谈到的"三境","现量"则是有一分性境也,又为似带质境,同时又是独影境。王夫之在他的"现量"说的理论维度下,推出了一个十分重要的美学命题,即"天理在人心之中,一丽乎止,而天下之大美存焉"。"止"在这里是指停留、凝聚的意思,可以理解为当天理充分地显现于感性形式时,便会形成人世间理想的美。在这里王夫之将天理在人心之中作为美产生的第一个条件,将理性观念的确立看作是美感产生和人能够成为审美主体的必要条件,同时又将适宜于显现理性观念的感性形式的存在看作是形成美和美感的另一个必要条件,也就是说当这两种条件同时具备时才能产生美,如果缺一则无法产生和形成美与美感。王夫之曾言:"乐不逐物,不因事,然必与事物相丽,事物未接,则所谓'喜怒哀乐之未发',岂但以月好风清,日长山静,身心泰顺,而为之欣畅也乎?"❶ "美易知,而忘迹以专尚于心者难知也。"❷ 这就是说美和美感不仅仅是依赖于具体的事物,但若是离开了具体的事物,只凭"月好风清,日长山静,身心泰顺"之类的观念是难以激发人的美感的。美若是抛开了事物的感性存在,仅仅依靠理性的思维,那么把握美就成了一件难事。美和美感的形成,必须是有人与事物的"相丽""相接",这种"相丽""相接"是和王夫之哲学上的"感遇"说和"知行"观相统一的。王夫之认为,聚散、感遇是宇宙间万事万物的基本关系,只有在"感遇"的前提下,才会产生丰富多彩的"相丽""相接"现象,感遇说延伸到人就必然会涉及人的"行",因为只有行动中的人才会发生实实在在的各种"感遇",进而形成千差万别的"相遇之机",就是现量,在王夫之看来现量虽不必然就是美,但美必然就是现量。

(三) 审美实践——即景会心

前文中已经谈到"即景会心"是王夫之"现量"说中的美学范畴之一,王夫之以"即景会心"来阐释"现量",景是针对"现量主体"的客体之景,它并非单纯的风景,而是艺术创作所针对的环境,是给予创作者创作

---

❶ (明)王夫之. 船山全书(第六册)[M]. 长沙:岳麓书社,2011:704.
❷ (明)王夫之. 船山全书(第七册)[M]. 长沙:岳麓书社,2011:996.

第二章 王夫之美学中的传统画学哲理

冲动的外界物象,"即"是相对于客体之景而言的,无景则无心可会。即景的前提是要走出去,自觉观察大千世界的客体环境。即王夫之言:"'日暮天无云,清风扇微和',摘出作景语,自是佳胜,然此又非景语,雅人胸中胜概,天地山川无不自我而成其荣观,故知诗非行墨埋头人所办也。"❶ 强调艺术创作需要亲身体验,付诸于实践,身处外界中感受自我情感,悠然自得的物境才能产生不可抑止的创作冲动,创作力与想象力才能被充分唤醒。同时,在"即景"的基础上实现"会心",以心会景的审美眼光才是创作者把握瞬间创造力的关键,真正有着审美心理与审美眼光的人才可以肆意于天地之间而博采众长,即王夫之所言:"有物于此,过乎吾前,而或见焉,或不见焉。其不见者,非物不来也,己不往也。"❷ 因此,主体的审美关注力决定了物象客体是否被看见,世间万物一直存在,能够唤起创作灵感的必须是审美眼光能够感受到万物之美感。面对所见之景,单纯停留在感官对外界事物的印象,只是察觉到客观物象是不够的,还需要"目"对"心"的调动,即王夫之评李陵《与苏武诗三首》中言:"不以当时片心一语入诗,而千古以还,非陵、武离别之际,谁足以当此凄心热魄者?或犹疑其赝鼎,然则有目者多,有瞳者鲜。"❸ "来端不可知,自然趋赴。以目视者浅,以心视者长。"❹ 这是强调创作者的触角要更加远大和敏感,眼睛要充满辨识度,目之所见即心之所得,能够在源源不断的刹那间表现主观情感,这才是创作者需要的审美能力与审美心理。正所谓"心目相取处得景得句,乃为朝气,乃为神笔"。❺ 艺术创作者的神笔需要即景与会心的双重结构,两者相值相取,创作主体以细腻用心的审美眼光去观察客体物象,形成审美实践,才能真正获得审美体验。因此,即景会心并非外在力量的叠加,而是主客体内在系统的贯通。主客体的相互感应依赖于即景的审美体验发生,景被主体感知的前提是创作主体需要设身处地地去接触客体物象,置身于万物世界之中,发挥目对心的调动,以心会景。

---

❶ (明)王夫之. 船山全书(第十四册)[M]. 长沙:岳麓书社,2011:721.
❷ (明)王夫之. 船山全书(第二册)[M]. 长沙:岳麓书社,2011:268.
❸ (明)王夫之. 船山全书(第十四册)[M]. 长沙:岳麓书社,2011:655.
❹ (明)王夫之. 船山全书(第十四册)[M]. 长沙:岳麓书社,2011:646.
❺ (明)王夫之. 船山全书(第十四册)[M]. 长沙:岳麓书社,2011:999.

四、神理范畴的审美论

(一) 审美体验——几与相通、神理相取

王夫之所说的"几与相通""神理相取"是对人们怎样获取审美体验的概括,与创作者的生活经历、历史文化积淀有内在联系,这种概括具有一定的科学性,因为它表现了这一过程的内在本质。

前文中已经谈到了"内极才情,外周物理"是王夫之艺术创作的法则,同时也是神理相取的重要内涵,他认为情与理是可以统一的,以情为中心,用情去统驭理,融情、景、事、理于一体。情、景、事、理四者互相交融才是他推崇的"至境",这其中就包含了情与理、神与理、心与物、主与客等多重关系。王夫之认为主观瞬间直观所感受到的外界景物规律是与物的体性相一致的,创作者心怀敬畏,感受自然万物之伟大,才能产生审美体验,发现审美之美。同时他也强调创作者表情达意要显现客观的真实本质,即艺术的真实要如是表现客观世界的本质真实。审美体验与审美感兴之中要把握物态和物理,理随物现地表现艺术真实,以神理相取,才能体物得神。

(二) 审美境界——平远与深远

古代传统山水画有其自身的透视法则,在散点透视的基础上,追求"远"的画境。"山水画自其诞生以来,对'远'的要求,向'远'的发展即成为一项重要任务。"[1] 自五代初始,荆浩、关仝、董源、巨然、范宽、李成等山水画家都对求"远"之方法、如何营造"远"之画境进行实践与探索。现存画论中如郭熙《林泉高致》中提到的三远法(高远、深远、平远),之后乃是中国山水画的主要品评标准。又如韩拙《山水纯全集》中的三远(阔远、迷远、幽远),黄公望《写山水诀》中的三远(平远、阔远、高远),费汉源《山水画式》的三远(高远、平远、深远),可见,古代画论中对"远"之画境有着明确的探索意识。

纵观中国山水画论的发展脉络可知,山水画中的"远",最初是追求在有限的二维画幅中呈现更多的景象与空间,发展至后期则侧重于超越视觉的

---

[1] 陈传席. 中国绘画美学史 [M]. 北京:人民美术出版社,2017:262.

第二章 王夫之美学中的传统画学哲理

局限,让欣赏者获取无穷无尽、绵延万里的自由之感,能在画中体会"可行""可望""可居""可游"的意境。由视觉及心灵,由世俗至超越现实,从有限空间到无限世界,欣赏者在画中感受到无限的意味。"山水画艺术间的'远势',生成于画幅之内的景物构图,却又能隐约延伸到画幅之外,香渺不绝,无际无涯。"❶ "远"之画境的实现需要创作者心目相取,虚实相生,咫尺有万里之势,无画处皆为妙境,同时也要考虑到欣赏者的客观因素,平远、深远、高远的空间感能够引发欣赏者的无限想象与联系自我的主观情感,也让创作者与欣赏者能够在艺术作品中交流,由"远"来形成二者的联系,共享自由而超越的艺术境界,观察世间万物,感悟人生。

王夫之借画中之"远"来喻诗,探讨诗歌中超越时空与个体的界限,在评诗中常用平远、深远等词汇。如评陶潜《停云》四首中言:"广大平远""深远广大"❷;评阮籍《杂诗》中言:"深远自然"❸;评张协《杂诗》中言:"唱叹沿洄一往深远。"❹ 借画喻诗,诗歌对生动的意象描绘,也需要诱导欣赏者产生万里之感与情感的波动。同时,王夫之主张创作者需要将自我情绪的书法蕴含在意境中,便于欣赏者能够直观感受这种意境,也能从中引发更深入的思考与情感迸发。如评唐寅《出塞》中言:"一若无意,乃尽古今人意一在其中。"❺ 在评徐渭《漫曲》中言:"意外意中,人各遇之。"❻ 评袁凯《送张七西上》:"一往深折,引人正在缥缈间。"❼ 这是王夫之以意境的深厚曲折,指出缥缈的境界是诗境也是画境,能将欣赏者的情意引入朦胧而广远之处。以中国传统画论中"远"之境界来论诗,将创作者与欣赏者相连,表达创作者与欣赏者可以超越具体情景,引导欣赏者的联想与情绪,在无限的空间中感受天地万物,远离世俗羁绊,感悟生命,反思自我,孕育家国社会观念和心性,这也实现了文艺作品抒情言志的功能,体现文学艺术具有公共性、包孕性、思辨性与社会性的功能。

综上所述,艺术的各个门类在存在形式、艺术手法、表现媒介等多个方

---

❶ 杨铸. 中国古代绘画理论要旨 [M]. 北京:昆仑出版社,2011:147.
❷ (明)王夫之. 古诗评选 [M]. 上海:上海古籍出版社,2011:101.
❸ (明)王夫之. 古诗评选 [M]. 上海:上海古籍出版社,2011:161.
❹ (明)王夫之. 古诗评选 [M]. 上海:上海古籍出版社,2011:181.
❺ (明)王夫之. 明诗评选 [M]. 上海:上海古籍出版社,2011:119.
❻ (明)王夫之. 明诗评选 [M]. 上海:上海古籍出版社,2011:358.
❼ (明)王夫之. 明诗评选 [M]. 上海:上海古籍出版社,2011:162.

面有其独特性质，但在艺术精神、艺术规律等多方面有着共通之处。研究者若是能够理解与把握艺术门类间的互相影响与渗透，兼容并蓄、互参互照，无疑能够更好地扩充理论内涵，丰富思辨深度，推动文艺理论不断向前发展。王夫之正是如此，也给现当代文艺理论研究者指明了前进方向。

第三章　王夫之美学与主体间性美学之比较

王夫之作为中国古代学术思想的代表人物，在文艺思想领域有着承上启下的作用，其美学思想乃是中国古代美学思想的集大成者，同时也是中国美学同世界美学对话的支点之一。对王夫之美学思想与西方主体间性美学的比较研究，能够发现：虽然中西美学产生的文化背景不同，且有其独立的发展嬗变轨迹，但两者却隐含诸多契合之处。试从西方主体间性美学的理论范式中分析比较两者之间的关联性，多元文化之间互相对话，并为双向互审提供研究方向，才能获得自身的整合与创新，从而促进文化多元格局的发展。

王夫之所生活的时代是中国资本主义萌芽的初期，中西方的交流沟通和新兴阶级的现实需求使得王夫之的思想与当时世界发展潮流相契合，他的哲学理论的独特视角也与西方哲学达成了某种程度上的呼应。

西方主体间性美学理论主要涉及三个领域，分别是社会学的主体间性、认识论的主体间性和本体论的主体间性。❶ 主要体现在现代解释学美学、知觉现象学、存在论美学、生态美学、修辞论美学等理论范式中。❷ 中国学术界主要以学者杨春时为代表的中国后实践美学中的"主体间性"美学理论来构建属于自己的"主体间性"美学。他指出主体间性并不是非主体性的，而是在主体与主体的关系中去确定存在，是超越主体性的，是把与客体对立的片面主体转化为与主体交往的全面主体。❸ 笔者试通过结合主体间性美学范式与美学理论分析其与王夫之美学思想的共性与个性，从而更好地构建王夫之美学思想的哲学意义与理论建构，并结合当下现状进行中西美学双向互审，也对构建传统美学与湘学多样性发展提供合理探究的可行性路径。

---

❶ 杨春时. 本体论的主体间性与美学建构 [J]. 厦门大学学报（哲学社会科学版），2006（2）：5.
❷ 陈士部. 西方主体间性理论的美学向度与中国经验 [J]. 淮北师范大学学报（哲学社会科学版），2013，34（5）：33.
❸ 杨春时. 美学 [M]. 北京：高等教育出版社，2004：20.

王夫之美学思想是中国古代美学思想的集大成者，同时也是中国美学同世界美学对话的支点之一。在王夫之美学思想中，气本体论与天人合一的哲学基础，是王夫之美学异于西方主客二元对立美学传统的根本原因，也是其美学所具备中国气派的根源。如王夫之的"现量说"，王夫之用"现量"阐述审美直觉与审美观照的关系，从天人合一、主客统一、主体性与诗乐合一等多个层面揭示"现量说"的主要美学内涵，归纳由气到感遇、到现量、再到美的理论逻辑。运用中西美学比较的方法，能为王夫之美学思想的理解增添新的视角。运用西方当代美学中本质直观等理念，同王夫之的现量审美观进行互释，可以找出其中的相通性与相异性。

王夫之美学思想是他的哲学思想的延伸，是其哲学思想的有机组成部分，因此他在阐发美学问题时思辨色彩强，既有深度又有广度，气势恢宏，立论新颖，尤其是具有综合感性派与理性派特征的"现量说"意义深远。他的美学思想存于他的各种著作中，而其诗论美学则在《诗广传》《姜斋诗话》《古诗评选》《唐诗评选》《明诗评选》和《楚辞通释》中较为集中。根据前文的阐释，王夫之美学思想可分为：①审美意象说与意境说。论述意与象、情与理、形与神、情与景的关系。②神理论。在物我、情景与意象之间寻取某种神理。③情景说。情景相生与妙合无垠。④现量说。意与象、情与景达到融合，情景相生，自然灵妙，即是现量。⑤象外说。审美意象表达分为"象之内"与"象之外"，王夫之强调"象外之象"的美。即化虚为实、寄有于无。艺术创作达到虚实相生，无画处均为妙境。

第一节 主体间性美学理论的文化视域

一、主体间性理论的产生语境

本文探讨王夫之美学与主体间性美学的关联性，需要明确主体间性美学在西方美学史中的发展过程。主体间性理论是"启蒙辩证法"的产物，古代西方哲学关注实体本体论，具有客体性特征，古代西方美学因而表现为客体性表现，近代西方哲学关注认识论，近代西方美学表现为主体性，现代西方哲学关注生存论，现代西方美学表现为主体间性。从客体性到主体性到主体间性的范式转变，勾勒出西方美学体系的发展脉络，且均有其哲学基础。

具体而言，西方美学经历了前主体性美学、主体性美学和主体间性美学三个发展阶段。其中前主体性美学发展阶段是古希腊至文艺复兴时期，认为世界的中心是哲学家所言的存在或者是信仰中的上帝。美作为一个实体从属于存在，没有独立地位，是与个人无关的他者。认为反映和再现出真实和真理的作品才是美的。西方传统美学受到西方古典现实主义和自然主义的影响，强调艺术是模仿自然。

文艺复兴后，人的思维发生转变，追求理性与尊严，人作为主体成了世界中心。美的事物背后是主体性的实体，如道德、精神等，美的存在是作为主体的外展。艺术也被要求具有人的质素。这一时期的代表人物包括康德、席勒、谢林、叔本华等。19世纪开始，模仿论逐渐被表现论所取代，艺术被看作是情感的表现。20世纪以来，哲学家开始关注主客体之间的存在问题，并极力调整主客对立的矛盾。在艺术上，强调作品是作品，是一个整体也是一个主体，是独立的世界，没有必要去再现或者表现另外一个事物，它的全部价值和意义都在于自身之中。主体间性美学的代表人物有（解释学美学）海德格尔、伽达默尔、（接受美学）姚斯、（读者反应理论）霍兰德、伊瑟尔、（解构主体美学）德里达、福柯、（现象学美学）胡塞尔、杜夫海纳等。

二、西方主体间性理论的美学向度

"主体间性"是20世纪哲学领域的重要范畴，最早由德国哲学家、现象学家胡塞尔提出，他是主体间性概念的创始者，认为主体间性是不同意象主体之间的同一性关系。其概念的提出是要解决主体与客体、主体与主体之间如何达到理解与沟通的问题。但从源头来看，席勒指出："在审美的国度中，人就只须以形象显现给别人，只作为自由游戏的对象而与人相处，通过自由去给予自由，这就是审美王国的基本法律。"❶ 这是美学史上第一次出现主体间性的思想，即认为自由是主体间性的，所谓审美游戏，就是人与世界主体间性的自由关系。从时间线来看，西方美学的发展大趋势是自然本体论

---

❶ [德]席勒, 缪灵珠, 译. 美育书简 [M]. 北京: 中国文联出版公司, 1984: 145.

美学（公元前5世纪—公元16世纪）、认识论美学（公元16—19世纪）、社会本体论美学（20世纪60年代以前）、后现代主义语言本体论美学（20世纪60年代以后），主体间性理论诞生于20世纪初现代主义的现象学哲学与美学之中。

在西方美学发展过程中，从最初的客体性哲学影响下的客体性美学发展至近代的主体性哲学影响下的主体性美学，发展至近代，主体性哲学逐渐让位于主体间性哲学，主体间性美学理论开始出现，主体间性美学理论主要体现在存在论美学、现代解释学美学、生态美学、超越美学、知觉现象学、审美经验现象学等理论范式中，彰显出超越主客体二元对立思维模式的学术特征。如德国现象学家胡塞尔为了避免自我论，曾首先提出"主体间"的概念，存在主义哲学家海德格尔受其影响，伽达默尔的解释学美学、巴赫金的"复调理论"和"对话理论"、法兰克福学派哈贝马斯的交往理性等都是在主体间性理论中发展而生的。主体间性是指在主体与主体关系中确定存在，存在是主体之间的一种交往、对话和体验，让互相之间达到理解与和谐。主体间性首先是超越主体习惯，把与客体对立的片面化的主体转化为与主体交往的全面性主体，即交互主体，让主体成为真正的主体（自由的主体），也使世界成为真正的人的世界。主体间性美学认为，在审美实践中不仅主体具有主体性，客体也是具有主体性的，是另一个主体。主体对客观世界的把握是主体与主体的交往、对话与同情，从而达到充分的体验与理解。主体间性美学在感知世界时从主客二分到主客一体，改变了人们认识世界的思维角度，它涉及了社会学的主体间性、认识论的主体间性和本体论（存在论、解释学）的主体间性，在某种程度上克服了主体性美学的理论缺陷，解决了前实践美学未解之理论，也开辟了审美实践的新视野，为审美实践提供了一种新的审视方法，促进了美学理论建构的创新和完善。其中社会学的主体间性是指人与人之间的关系。认识论的主体间性是指认识主体之间的关系，涉及知识的客观普遍性问题，如胡塞尔的主体间性概念涉及认识主体之间的关系，在没有承认认识主体与对象世界的关系也是主体间性的。

本体论的主体间性是指主体与主体之间不再是对立而是理解与交往的关系，即在海德格尔提出的诗意地栖居、天地神人和谐共处的思想上建立了本体论的主体间性，海德格尔提出的"天地神人四方游戏"说，意在破除人类中心主义，消除片面的主体性哲学的影响，从而发展和确立了更为彻底的主体间性哲学。海德格尔认为艺术是"真"的显现,"真"并不是"逻辑"的真理,也不是事物抽象的本质或者理念的显现,而是人通过自身努力使被遮蔽的东西能够显现出来,把审美与人的生存状况和生存体验联系起来,这样进入诗意的栖居境界,美便成了"真"的闪光点。梅洛-庞蒂又在此基础上建立了身体主体间性,以维特根斯坦为代表的语言分析哲学认为语言也是一种主体间性的行为。现象学美学把审美当作对世界的本质直观的方式,并与存在主义哲学融合,从而接受了主体间性思想。萨特、梅洛-庞蒂以及杜夫海纳都认为艺术品不是客体,而是"对象",是主体性的表现,不能透过其"表象"完全把握其实质,而只能在与艺术品的交往中理解它。这就是说艺术品与人均具有主体性,两者的关系是主体间性的。其中杜夫海纳十分重视审美经验,认为欣赏者的审美意识使得艺术品成为审美对象,审美活动中不仅欣赏者与作者之间是主体间性关系,欣赏者与审美对象之间也是主体间性关系。

伽达默尔把存在论的主体间性思想引入解释学,建构现代解释学美学,认为美学是解释学的一部分,审美是一种典范式的解释,对艺术的解释是问答与对话的过程,即自我主体与文本主体间的交流与互相理解,认为文本(包括世界)不是客体,而是另一个主体,解释活动的基础是理解,而理解就是两个主体之间的谈话过程。又如存在论与解释论的主体间性进入本体论领域,从根本上解释了人与世界建构的根本意义,解决了审美作为生存方式的自由性问题和审美作为解释方式的超越性问题。接受美学伊瑟尔则提出文本具有"召唤结构",并有隐含的读者,读者与文本互动产生了创造性的意义。

明清时期的王夫之美学与20世纪流行的解释学、接受美学等主体间性美学理论虽然在时间线上相隔几百年,但在审美活动、主客体的辩证关系等方面,理论观点有着不约而同的吻合之处。王夫之与主体间性美学的倡导者虽然生活在不同的国度、不同的时代、不同的社会文化环境之中,但对于艺术的看法在很多地方具有相似或相通、相同之处。这说明中西文化虽在表现上具有差异性,但在更深层次的本质上是具有一定共识的。

第二节　王夫之美学与主体间性美学的关联性

一、王夫之"现量"说与现象学的"本质直观"

20世纪奥地利著名作家、哲学家，现象学的创始人胡塞尔的"本质直观"理论为美学研究提供了新的哲学方法论。王夫之将佛学中的"现量"引入美学领域，用以说明审美特征，并肯定了审美观照中感性与理性的统一关系。如将以上两者互相印证，可见互通与互释的关系。

现象学的"本质直观"是在具体现象中直接领会和把握的直观方法，使得现象与本质、自相与共相得到统一。直观的是对象的本质性，朝向本质且其本身也具有本质性，"那些不是思维行为的实事却在这些思维行为中被构造出来，在它们之中成为被给予性，在本质上它们只是以被构造的方式表现它们自身之所是。"❶ 直观分为两种：感性直观和理性直观。其中感性直观就是指直观的内容与对象都是感性体验。现象学中直观是对事物的一种直接的把握方式，使得直观到本质成为可能。本质是指对象在认知中构造起自身，事物被给予性的特征使得对象主动地、自然而然地呈现于"我"或者"我们"的眼前。现象学家要求"回到事情本身"，这意味着我们必须主动且自觉地朝向呈现于我们眼前的活生生的事情本身，要我们自己去直观对象，对客体的先入之见和事物的先存背景加以忽视、进行"搁置"，这是我们直接感知到的东西，而不是过去的印象。

（1）王夫之"现量"说作为最早融入王夫之美学体系之一的美学范畴，也跻身于中西相似理论的广阔视野之中，与纵深的历史概念、平行的异域名册有着较多灵妙的对话，并呈现了对内对外同步增长的感情与理性，呈现出一个具有现代开放性和解读性的立体美学结构。

"现量"本是古印度佛教因明学中的术语，用于表述心与境的特殊关系，王夫之将"现量"引进美学领域，其美学思想中的"现量"说是从"时间"（现在）、"直觉"（现成）、"显现真实"这"三量"来解释偶然即得与

---

❶ ［奥地利］埃德蒙德·胡塞尔，倪梁康，译. 现象学的观念［M］. 北京：人民出版社，2007：60.

心领神会。因此，有三种含义："现在"意义，"即景会心""因景生情""自然妙悟"，即是指由当前的直接感知而获得的知识，不是过去的印象。"现成"之义，即瞬间的直觉，一触即觉而获得的知识，不需要思索、推理或者比较等抽象思维的参与便能获得。现象学中的"本质直观"同样也是一种直观地看，不需要推理且没有中介地看，不需要概念或者逻辑思维。它不是抽象的逻辑推演，也不是经验的归纳，而是用直观、无中介的方式，进入感知、想象等意向行为，开启了审美意象的意象世界。"显现真实"之义，这是现量的现在义与现成义共同结合的结果，就是说现量是真实的知识，是把客观对象作为一个生动的、完整的存在加以把握的知识，不是虚妄的知识。

王夫之曾言："如所存而显之。"认为意象世界如同它本来的样子存在且呈现出来，即"显现真实"。因而，"显现真实"意为强调在场的、当下的直觉性观照，强调艺术创作中运用"即景会心"的直觉思维，这接近西方现象学中"本质直观"的基本特征，主张还原"面对事实本身"，即依照直观性和明证性回溯事物的原初样态。同时，"显现真实"是审美感兴中所产生的审美意象，不只限于显示客观事物的外在物态，而是要显示内在规律（即"物理"），这一观点也正是现象学中从感性直观向本质直观的扩展方向。现量的"显现真实"是要把主体所感知到的物象直观地显现出现，把握客观物象的本来体性，体现物的"自相"，即个性，通过自相来显现物象的共性。"显现真实"完成了现象学"直观"的目的，即把握了对象的本质，且达到了现象与本质的融合。

在艺术思维的方式上，主体间性美学十分重视情感表现，如英国美学家克莱夫·贝尔在《艺术》一书提出艺术的本体在于"有意味的形式"；苏珊·朗格曾提到"艺术是情感的符号"；科林伍德曾强调艺术家表现的情感能够引起观众共鸣，是一种社会性的情感，"通过为自己创造一种想象性经验或想象活动以表现自己的情感，这就是我们所说的艺术。"[1] 上述内容表明情感也是思维，也具有思维的功能。王夫之则提出"兴""现量"来作为创作的一种艺术思维方式。"兴"乃是《诗经》"六艺"之一，其含义较多，从艺术思维方式而言，是一种艺术的情感思维。王夫之在《诗绎》中

---

[1] ［英］科林伍德. 艺术原理 [M]. 北京：中国社会科学出版社，1985：156.

言:"兴在有意无意之间,比亦不容雕刻。关情者景,自与情相珀芥也。情景虽有在心在物之分,而景生情,情生景,哀乐相触,荣悴之迎,互藏其宅。天情物理,可哀而可乐,用之无穷,流而不滞,穷且滞者不知尔。"这种情感思维以情感为动力,在情景统一中实现了艺术形象的创造。

同时,王夫之对此还有独特的见解,即提出情感思维并非逻辑思维与直觉思维,逻辑思维是在自觉中进行的,直觉思维则是在不自觉中进行的,而情感思维是在自觉与不自觉之间产生的。即王夫之所言:"兴在有意无意之间"。王夫之的"现量"说则是谈论直觉思维,"现量"说强调"现在"即"现成",其产生前提是"一触即觉",是瞬间完成的,是"不假思量"的非理性活动,但却能显现真实,揭露本质,达到事物理解的理性认识高度。直觉思维在人的思维中占据较为重要的地位,如直觉能力、直觉频率等,艺术创作也存在大量直觉现象。这在西方美学中常被认为是弗洛伊德谈到的一种"潜意识"。王夫之对于直觉思维并没有直接提到潜意识,而是在情景关系上谈到在"即景"与"会心"中找寻直觉的规律,并用"现量"来解释这种审美思维模式,"即"是指代当下性,"会"是重视交感兴,"即景会心"才可"参化工之妙"。

此外,王夫之认为"思无邪"是孔子对《诗经》的本质的精确概括,王夫之在此基础上将学《诗经》归之于实学,并重在"思"字,即"《诗》之所咏,皆思致也"。"思"是王夫之对艺术思维活动特征的解释,认为"思"可以使人的感情追逐至天理。海德格尔曾言:"美是作品无蔽的存在的一种现身方式",诗歌的本质是"用词语并且是在词语中神思的活动"。❶ 海德格尔认为:诗中之神思就是真理,诗的本质是真理的创建。海德格尔与王夫之的观点虽然不尽相同,但对于艺术的本质都开始从"思"的方向进行探讨,这一点有相似之处,都把审美活动当成是对真的叩问。

王夫之的"现量"在"显现真实"之义这个层面上与现象学意义上的"本质直观"相似,如将王夫之现量说中的"显现真实"与现象学胡塞尔关于"本质直观"的阐释进行比较研究,则更能找寻到两者之间的相通处与关联性,也为深入解读王夫之美学提供多样化的思路,也使得审美意象在

---

❶ 伍蠡甫,胡经之. 西方文艺理论名著选编(下册)[M]. 北京:北京大学出版社,1986:581.

第三章 王夫之美学与主体间性美学之比较

"情"与"理"中得到实现。胡塞尔认为,纯粹本质是可以在知觉、经验、记忆等所有物中被直观地显现出来。❶ 而王夫之"现量"说中的"显现真实"之义,正是把意识理解为主动获取相关事物的动态过程,内涵主体性精神。综上所述,两者均强调主体空间上的在场性和时间流中的当下性,互相理解有助于解读更加深化。

此外,"现量"的时间特征是它的当前性,王夫之认为有很多美的东西,它们具有多方面的能够激发人的美感的特征,这些特征会在不同的时间里依次展现出来,从而使审美主体获得新的美感。同时,同一审美特征也会对不同的欣赏者呈现出不同的姿态,于是对于某一种美的事物,就会在历史的变迁中获得持久的魅力。王夫之认为:"天理日流,初终无间,亦且日生于人之心。唯嗜欲薄而心牖开,则资始之元,亦日新而与心遇,非但在始生之俄顷。"❷ 即只要人不将自己完全封闭起来,固执于一端,而是敞开心扉,融入宇宙万物流变生化的运动之中,那么曾经给我们以美感的事物,即所谓"资始之元"就会"日新而与心遇",曾经美的事物虽产生于刹那间,但它不会僵化而死,它是现量,是会不断更新发展、日益滋长的。王夫之所提出的现量,其内涵基础在于"天人合一"的传统,同时也特别强调审美活动中主体的能动性,这不单单是包含着唯物主义反映论。

现象学美学中提出"回归事物本身"的观点与王夫之现量范畴的创作论、神理论的美学观有相似之处。回归事物本身是强调直观本质,撇开非本质部分,强调真实生活,让现象的本质站出来,反对形而上学至上的观点,重视生活过程的显现。在艺术实践上,用反理性哲学美学主张回归事物本身,其产生的美学艺术门类——存在主义,也是强调塑造人物的真实。王夫之也主张审美意象的真实性与意象的独创性,其神理论强调神与理的关系,理的内涵之一便是具体物象。

如果从西方美学的角度来看王夫之的"现量"说,能发现他与黑格尔的"美是理念的感性显现"这个命题有比较相似的内涵,都具有综合感性派和理性派的历史意义。王夫之现量美学观是在感性与理性的统一中融汇了对历

---

❶ [奥地利] 埃德蒙德·胡塞尔,李幼燕,译. 纯粹现象学通论 [M]. 北京:商务印书馆,1992:53.
❷ (明) 王夫之. 船山全书 (第一册) [M]. 长沙:岳麓书社,2011:826.

史的意识，具有中国古代哲学思维的整合性特征，是中国古代天人合一、物我两忘的美学传统的发挥与推进。王夫之的现量说强调审美观照中保持客观事物的完整性，客观事物的属性与特征是服从于审美对象的，在艺术作品中，艺术家的审美观照并非事物本身，而是事物的几个方面，作品中不存在客观事物的完整性，只存在审美意象的完整或作品结构具有独立性。经验主义美学中谈到的只有艺术经验的完整性，人们可以通过选取不同事物的各个部分或者同一事物的不同部分来表达完整的审美经验。分析美学代表人物艾耶尔在《语言、真理与逻辑》中提道："一件艺术作品，不一定会由于构成它的一切命题是字面上虚假的而成为较差的作品。"❶ 这其实是在说艺术作品中的形象不可能和客观事物完全一样，图像和实事（实在）可以一致，也可以不一致，图像的真假在于它的意义是否与实事（实在）一致。维特根斯坦曾谈道："图像通过图式形式表现出它所表现的东西，而与图像本身为真或为假无关。"❷

虽然图像论的观点是借助于艺术图像与客观事物进行探讨，但艺术图像与诗歌同属艺术作品，王夫之的诗论中也常以画论来讨论诗歌创作原则。根据维特根斯坦的观点，他提出"永恒的眼光"和"整个世界"，即"整个世界"是一个有着具体界限的逻辑空间，而艺术作品的世界则是欣赏者从作品中所观察和体会的全部内容。当欣赏者欣赏艺术作品时，就是借助"整个世界"用"永恒的眼光"来看，浓缩着可变性、厚重意味以及对未来的召唤。审美创造是用永恒的眼光来建立世界，审美欣赏则变成用永恒的眼光来看待世界。王夫之的现量观中所获得的正是一个永恒的世界，且这种永恒是亘古不变的、是无时间性的。他认为审美主体看待审美对象是以运动、变化、发展的眼光，是从"整个世界"的角度，从历史发展的眼光来看待审美对象，这其中包含着主体意味，内在统一性才是艺术作品闪耀且发散光芒的必要条件。

（2）王夫之"现量"说与现象学的"本质直观"在某些方面也有所不同。王夫之对于"现量"的解释，认为"现量"一方面是客体充分显现出特性，另一方面是主体在没有思量计较或者虚妄的干预下去获得客体的真实感

---

❶ [英] 艾耶尔. 语言、真理与逻辑 [M]. 上海：上海译文出版社，1981：45.
❷ [奥地利] 维特根斯坦. 逻辑哲学论 [M]. 北京：商务印书馆，1996：31.

知。同时还提出了"三不",即"不缘过去作影、不假思量计较、不参虚妄",与胡塞尔提出的现象学的基本原则"面向事物本身"有相似之处,类似于现象学关于"本质直观"的意思。但是胡塞尔以"肯定认识的""纯粹主观性"为前提,不追究认识是否与事物的实际相吻合,但是王夫之的现量观则把"色法",即外界事物之关系原理放在第一位,把主体的认识是否与客观事物的实际相吻合,看得十分重要。这点说明两者的学术路线有所不同。

王夫之认为现量是关于物的知识,关于实际的知识,同时也是在"行"的实践中获得知识,所以只有现量知识才是可靠的,为了维护现量的合法性,他还批评了庄子的"各师成心"观点。他认为师古、师天是不对的,人只能以物为师,以物为师就是要处理好"心"与五官之间的关系,因为人与物的关系既是五官与物的关系,又是心与物的关系,不能正确地认识"心"与五官的关系,就不能正确处理人与物的关系,那么自然也就解决不了"以物为师"的问题。王夫之认为心依赖于五官,同时又是五官的主宰,五官感觉是心的窗户,心又将五官的感觉综合起来,融会贯通,从而获得了外物的整体知识,他将这种五官与心"和合"而形成的关于物的整体意识称为"明了意识",其实明了者属性境、现量、善性。所谓整体知识,就是指它既有当前性又有历史性,是一种综合知识。

王夫之认为人和事物都处于历史之中,因而美的事物和人的美感就具有一定的历史构成性,人能够从历史的高度,在与历史的对话中,将事物的现在和过去在一瞬间联系起来,从而形成对美的事物的更为深刻和强烈的美感。总之,现量不仅不排斥历史,而且必然地联系历史。

此外,王夫之还认为现量的光辉之处在于它缘物而起,又不为物所滞碍,广大无量而又非虚空,能极好地表述审美活动中的心理特征,相反那些卑俗的作品局限于实际事物(故实)脱不开事物的外形(色泽),极尽镂绘之工,"匠气"十足。他提出"天地之际,新故之迹,荣落之观,流止之几,欣厌之色,形于吾身以外者化也,生于吾身以内者心也;相值而相取,一俯一仰之际,几为与通,而渤然兴矣"。即任何客观事物反映在艺术中都是不可能保持其完整性的,都经过了艺术家的审美改造。既然相知才相取,那么不相知则不相取,显然这是被艺术家进行审美观照乃至被吸收到艺术作品中的,只能是事物的一个方面或者是几个方面的特征,而不可能是事物自身的完整,在艺术作品中客观事物的属性和特征服从于审美意向的整体构成，在艺术作品中只有审美意象的完整性或作品结构的独立性，而根本不存在客观事物的完整性。

歌德曾指出："艺术要通过一种完整体向世界说话，但这种完整体不是他在自然中所能找到的，而是他自己的心智的果实，或者说，是一种丰产的神圣的精神灌注生气的结果。"❶ 如果说呈现在艺术中的形象或客观事物有相同之处的话，那只能是如维特根斯坦所说的那种"逻辑形式"或"实在形式"上的一致性，他曾指出图像可以与实在一致也可以不一致，它可以正确也可以错误，可以真也可以假，图像的真假就在于它的意义是否与实在一致，谈道："图像通过图示形式表现他所表现的东西，而与图像本身为真或为假无关"，这就是他著名的图像论。

（3）从审美观照来分析王夫之的"现量"说与西方主体间性美学中的"艺术直觉"，关于审美观照，王夫之提出了"现量"说，即《姜斋诗话》中所言："若即景会心，则或推或敲，必居其一，因情因景，自然灵妙，何劳拟议哉？'长河落日圆'，初无定景；'隔水问樵夫'，初非想得：则禅家所谓'现量'也。"

审美观照必须有现量的三种性质，即现在、现成、显现真实，并强调审美观照是瞬间的直觉，排除抽象概念的比较推理，具有直觉的性质。创作主体创造意象时的情与景的契合，是通过审美的直觉感兴（瞬间直觉）实现的。

直觉感兴一直是中国古典美学中的范畴之一，普遍意义上的直觉与感兴是指不经过复杂抽象地推理，而直观去寻求美的一种暗示，是理性思维之间的本能自觉意识，也是之中纯粹的美的意义。"感兴"之意可追溯至"诗六艺"中的"兴"论，《礼记·乐记》中也谈到它与美学心物关系的探讨。后来，庄子提出审美主体应该具有"心斋"的态度，凭借直觉参与悟道。陆机《文赋》中谈到灵感的作用，并表明直觉到来时有如神助，具有突发性的特征，"若夫应感之会，通塞之纪，来不可遏，去不可止，藏若景灭，行犹响起。"❷ 画论中也提到以"味象"来直接感知事物的本来面貌，如宗炳在

---

❶ 朱光潜，译．歌德谈话录［M］．北京：人民文学出版社，1978：137．
❷ （晋）陆机，（梁）钟嵘，杨明译注．文赋诗品译注［M］．上海：上海古籍出版社，1999：22．

《画山水序》中谈到的"澄怀味象";刘勰《文心雕龙》中谈到"神思"的命题,提出它具有时空连贯性,可遇不可求;钟嵘《诗品》中谈到"直寻";唐代诗人王昌龄《诗格》中谈到灵感的集中表现,以及观照感兴之意,即"心偶照境,率然而生";宋朝叶梦得曾言:"此语之功,正在无所用意,猝然与景相遇,借以成章,不假绳削,故非常情所能到。"❶ 南宋严羽所言:"惟悟乃为当行,乃为本色。"❷ 这明确指出直觉感兴之悟,才能成就自然之佳作;明代谢榛《四溟诗话》中提出"天机"之语,并多次谈到感兴。

可见历代文艺理论著作中多次提到直觉、灵感、感兴,但并未放置于审美完整体系之中,更多是精神反馈而非感官反应。王夫之的现量则是感性与理性、主观与客观的结合。同时西方对于直觉的理论也有柏拉图、夏夫兹博里、克罗齐、康德等人谈及。但上述中西观点对于直觉理论均有一个共性,即描绘灵感突发性特点时出现的不可言状的唯心主义神秘之感。如柏拉图认为灵感是神所赐,克罗齐认为直觉是极端的、绝对化的,严羽的"妙语"之说则明确排斥了理性思维。而王夫之的现量说则是具有鲜明的唯物主义色彩,以心目相结合的意象生发,以身历目见的源泉探索,以一触即发的感官效应,以主体意识直觉介入和以理性的适宜介入的直觉感兴,以上共同形成了现量说中直觉感兴的复杂结构,而这点与西方主体间性美学中的艺术直觉有着相似之处。

在中西方美学中,均谈到了直觉性。西方美学家除了苏珊·朗格外,柏格森也谈到艺术直觉是创作时的直观洞见和艺术感受,这种直觉带有一定的神秘主义。克罗齐认为直觉是一种完整的认识形式,直觉即表现。这个观点带有形式主义色彩。苏珊·朗格谈道:"所谓直觉,就是一种基本的理性活动,由这种活动导致的是一种逻辑的语义上的理解,它包含着对各式各样的形式的洞察,或者说包括着对诸种形式特征、关系、意味、抽象形式和具体实例的洞察和认识,它的产生比起信仰更加古远;信仰关乎着事物的真假,而直觉则与真假无关,直觉只与事物的外观呈现有关。"❸ 这里认为直觉不是单纯的感知,而是逻辑的开端与结尾,是情感、想象、感知交融的综合

---

❶ (宋)叶梦得.石林诗话[M].北京:中华书局,1991:19.
❷ (宋)严羽.沧浪诗话[M].北京:中华书局,1985:2.
❸ [美]苏珊·朗格,滕守尧,朱疆源,译.艺术问题[M].北京:中国社会科学出版社,1983:26.

体。同时她主张直觉不能脱离经验，经验因为直觉作用才具有了形式。艺术直觉是人们对艺术品含义的直接把握和评价，也是借助艺术符号对人类情感的直接判断。而艺术审美感受是一个由直觉开始沉思，对作品的复杂性有所了解，并逐渐揭示出深层含义的过程。因而苏珊·朗格的直觉和前文提到的柏格森、克罗齐的观点有所不同，她强调直觉是对事物的直接洞察力，是包含着情感、想象和理解的一种理性活动，但不是推理。直觉是逻辑的开端与结尾，是艺术产生的根源，离不开经验，也以人类精神为基础。可见苏珊·朗格对于艺术直觉的理解与王夫之的审美意象产生由于审美感兴（瞬间直觉）实现的观点相似。两位学者都认为审美意象的产生离不开艺术家对事物的直接洞察，直觉不是推理，也不是瞬间产生的审美感受活动，而是艺术创造者再创造意象时具有的，直觉（审美观照）实现了欣赏者对艺术品的欣赏、对情感符号的解读。

在王夫之看来审美意象的涌现需要艺术家作出审美体验，获得审美感受。苏珊·朗格也认为艺术品的审美意象是一个暗喻系统，这种情感暗喻是直觉发明和认识出来的，要理解这种情感暗喻则需要欣赏者的反应能力，欣赏者在艺术品中获得的体验式的观众自己的情感，是观众审美活动产生的心理效果，即审美情感。❶而艺术品正是作为情感符号的社会工具，体现于这种审美情感之中，"使一个时代或一个民族与别的时代和民族的人得以沟通。"❷

综上所述，王夫之所言的审美活动，从局部来看是现量，从整个人类审美活动的整体上来看是瞬间现量与长久的探索，是当下的直觉与数代人历史创见的统一体。

二、"情景相生"与"意向性"

（1）情景关系在中国古典美学中是重要的讨论命题，中国古典美学与诗学论题中，"情景"的命题经历了从最初的审美意象到唐宋时期作为一个明确的理论范畴被提出，王夫之作为中国古典美学思想的集大成者，在其诗论

---

❶ [美] 苏珊·朗格，刘大基，傅志强，译．情感与形式 [M]．北京：中国社会科学出版社，1986：458．

❷ [美] 苏珊·朗格，刘大基，傅志强，译．情感与形式 [M]．北京：中国社会科学出版社，1986：476．

第三章 王夫之美学与主体间性美学之比较

与文论著作中多次谈到情景关系，强调情景统一，实不可离。王夫之关于情景理论有十分深入的理解，在《姜斋诗话》中"情""景"二词共出现128次。其中"情"一词出现多达76次，其具体内涵有情绪、情"志"、情"实"、情"意"、情"致"等意涵。王夫之站在创作论的角度，认为情是创作主体的情感、情绪，并论述艺术创作道出情感的观点。

王夫之的诗论著作中，"景"一词出现52次，这里的景可以分为"身之所历，目之所见"的实景与"取影""影中取影"的虚景。具体而言可将景分为三类：一是客观物象，"天壤之景物，作者之心目"，即审美对象，也是审美基础。二是初步的审美认识或审美知觉，是对客观物象的直觉认识，如"情景一合，自得妙语。"三是审美意象，"用景写意，景显意微"，主客体融合后呈现在作品中。同时将景分为实景和虚景，前两者为实景，后者有虚有实。

王夫之美学思想情景论中强调情景相生、景中生情、情中含景，他认为情景具有互相触发、相互依存的辩证关系，具有两者相生的特点。情生景："有识之心而推诸物者"；景生情："有不谋之物相值而生其心者焉"，❶ 则"相值而相取，一俯一仰之际，几与为通，而浮然兴矣"，乃情景相生。情景相生的最高境界是"神于诗者，妙合无垠"。

同时，王夫之认为人与自然有着本然深层的联系，通过自然感兴超越各种物我对待关系之后，深入这种关系之中才能呈现。这是从人与自然的生存本体论意义上对王夫之美学的分析，即审美情感这个概念触及自然美的本质问题。王夫之诗学论著中言"两间之固有也，然后，人可取而得也"。反映其对于美的内涵解读。在现象学中海德格尔的理论也有类似的思想，强调存在的意义是在自然与人类的原理中，并不是人类投射给自然的。

从王夫之的"情景相生"内在机理看，有着西方哲学中"意向性"的特质。现象学家胡塞尔认为人的意识是具有意向性的，客体都是意识投射的对象，没有无对象的意识，也没有无意识的对象，即人的意识总是会指向某一物体或者说是意识总是指向某一物体的"有意识"，若是离开了"物体"，则人的意识就不存在了。现象学认为意向性是意识的本质属性。意识是具有指向性的，意向性即作为对某物的意识，在一种我思的活动指向中，指向物体、

---

❶ 李泽厚. 美的历程 [M]. 天津：天津社会学院出版社，2001：60.

事态等。或许在艺术领域我们可以理解为艺术创作行为与被创作之物或者意指之物之间有着贯通的相互关系。审美意象就是"意向的对象",审美活动就是"意向性活动"。"意向活动通过意向相关项指向意向对象,而意向对象既非时空的实在对象,也非超时空的观念对象,而是意向性对象,即被意义所激活了的感性材料,或被立义为对象的意义。"❶ 后来海德格尔在其基础上将诗学与艺术纳入研究对象中,主客体相融。杜夫海纳在审美经验现象学中也谈到审美对象是知觉的对象,只有当审美对象存在于观众意识中时,它才完整,并只有回到事物本身,才能把握主体和对象之间的意向性联系。这点与王夫之所言"情"与"景"的关系、"情景相生"是相吻合的,其也是谈到情景关系中的情景交融,实际上也是诗人的主观情感思想与客观现实形象之间的统一。

中国传统文艺多是以抒情为主流,诗画均是如此,强调情感与情景的有机融合。中国古典美学也是受到文艺实践的影响,强调艺术具有审美意象,意象并非现实中的实际存在之物,而是一种具有虚幻性,非真实存在的形象,并生发出"情景"说与"意象"说。王夫之是中国古典美学的集大成者,在《明诗评选》评高启《凉州词》中言:"诗之深远广大,与夫舍旧趋新也,俱不在意……如以意,则直须赞《易》陈《书》,无待诗也。"在《唐诗评选》评孟浩然《鹦鹉洲送王九之江左》中言:"'诗言志,歌永言',非志即为诗,言即为歌也。"这是强调诗歌的好坏不是"意"与"志"如何,而是意象如何,好的艺术创作是创造意象,用意象感动人,才会让欣赏者兴观群怨,强加于人的"意"与"志"是无法引起共鸣的。即在《古诗评选》评左思《咏史》中言:"风雅之道,言在而使人自动,则无不动者,恃我动人,亦孰令动之哉!"因此创造意象,要"即事生情,即语绘状"。《夕堂永日绪论·内编》中,王夫之提到"景语"和"情语"的概念:"不能作景语,又何能作情语邪?古人绝唱句多景语,如'高台多悲风','蝴蝶飞南园','池塘生春草','亭皋木叶下','芙蓉露下落'皆是也,而情寓其中矣。以写景之心理言情,则身心中独喻之微,轻安拈出。"景乃是再现,情乃是表现,再现与表现相统一,表现藏于再现之中,即情藏于景中,从而形成意象之美感。王夫之所言的景语刚好符合苏珊·朗格艺术符号

---

❶ 王子铭. 现象学与美学反思 [M]. 济南:齐鲁书社,2005:41.

学中关于符号与意义的第二种结构方式，即存在性（存有）方式。

王夫之与苏珊·朗格虽然处于不同时代，生活在不同的社会背景与文化氛围之中，但对艺术的审美意象的理解有很多相似之处。苏珊·朗格的艺术符号论受到表现主义文艺的影响，王夫之的情景说受到古典抒情文艺的影响，但却造就了两者对于审美意象论有着部分相通的理论理解。艺术符号学理论在苏珊·朗格的《哲学新解》一书中初见端倪，后在苏珊·朗格的著作《情感与形式》中全面展开研究。艺术符号学中谈到符号和意义的三种结构方式：一是代表性结构方式，符号仅仅代表意义，能指即所指；二是存在性结构方式，符号即意义，能指与所指具有同样真实性，能指与所指合成事物的整体；三是标记性结构方式，没有真正"存有"领域，一切都在"代表"领域，即"标记"的领域。王夫之谈到的"景语"的"呈现"是意义的展示，呈现的不是自然之物，而是人为之物，作为符号的"景语"就是意义本身，景与情合一，超越景中情，达到景即情，也达到了王夫之在《夕堂永日绪论·内编》中所言："含情而能达，会景而生心，体物而得神。"

王夫之对于"情"的理解："情，实也，事之所有为情，理之所无为伪。"❶ 这是将"情"看作是被人具体、完整而全面认识把握的实有，不仅有"言志""唯情"之意，还是反映人生状态的存在实有（即理性）和本质特征（即感性）的结合体。这点与苏珊·朗格所谈到的情感审美过程十分相似，艺术创作要以人的具体表现为对象：来反映出人之本性的生活现象与人类情感。如苏珊·朗格《艺术问题》中曾谈道："一个艺术家表现的是情感，但并不是像个大发牢骚的政治家或是一个正在大笑或大哭的儿童表现出来的情感。……艺术家表现的决不是他自己的真实情感，而是他认识到的人类情感。"❷ 同时，王夫之还谈到情与景的关系不是孤立存在的，而是互相交融汇聚，艺术创作作品是在情景互动中展现的意象的情感透射，这种透射是宇宙生命的自然世界存于审美艺术世界中的符号表现，是生命状态的隐喻性解读。这点如同苏珊·朗格所言："艺术作品作为一个整体来说，就是情

---

❶ （明）王夫之. 船山全书（第十二册）[M]. 长沙：岳麓书社，2011：140.
❷ [美] 苏珊·朗格，滕守尧，朱疆源，译. 艺术问题 [M]. 北京：中国社会科学出版社，1983：25.

感意象。"❶

苏珊·朗格倡导艺术是情感的表现,曾谈道:"所谓艺术品,说到底就是情感的表现。""艺术家表现的绝不是他自己的情感,而是他认识到的人类情感。"❷"艺术,是人类情感的符号形式的创造。"❸ 王夫之曾言:"诗之深远广大,与夫舍旧趋新也,俱不在意","恃我动人,亦孰令动之哉!"这也是认为艺术创作者将有限的、确定的"意"强加于欣赏者是无法产生美感的。如果仅把艺术品当作个人情感的意和志的表现,把艺术当作是创作主体情感的自我表现,那么欣赏者是无法获得审美感知的。因此,两者均认为艺术并非单纯是艺术创作者个人情感的表现,而是要表现人类的情感。同时,苏珊·朗格谈到通过审美意象,艺术创作者才能表现情感。审美意象具有虚幻的性质,创作中物象并非全部为真,而是一种虚象,但却如同真实事物一样栩栩如生,充满生机。艺术创造是带有虚幻性质的审美意象,是通过归纳、实证、直观把握众多现实事物,并总结出共通之处,再运用自我思维的一种形式。这个观点和王夫之的论诗是一致的,都是看到了艺术本体是审美意象,审美意象具有特殊的特征性。

同时,王夫之对于审美意象的产生有着自己的见解,认为审美意象是情与景的内在统一,情景交融统一形成审美意象的基本结构,这点在本文第一章中已经有详细阐述。情景统一不可分离,才能构成审美意象,同时也不是机械地相加,而是"景以情合,情以景生,初不相离,唯意所适"。"景中生情,情中含景,故曰,景者情之景,情者景之情也。"(《唐诗评选》中对岑参《首春渭西郊行,呈蓝田张二主簿》的评语)。

苏珊·朗格在《情感与形式》《艺术问题》两本书中深入分析了审美意象的问题,言:"艺术作品作为一个整体来说,就是情感意象。对于这种意象,我们称之为艺术符号。"❹ 审美意象起源于感知得来的表象,表象通过艺

---

❶ [美]苏珊·朗格,滕守尧,朱疆源,译. 艺术问题 [M]. 北京:中国社会科学出版社,1983:129.

❷ [美]苏珊·朗格,滕守尧,朱疆源,译. 艺术问题 [M]. 北京:中国社会科学出版社,1983:121,25.

❸ [美]苏珊·朗格,刘大基,傅志强,译. 情感与形式 [M]. 北京:中国社会科学出版社,1986:51.

❹ [美]苏珊·朗格,滕守尧,朱疆源,译. 艺术问题 [M]. 北京:中国社会科学出版社,1983:129.

术家的再创造，成为情感的表象，就是意象，意象具有情感符号的性质，决定着艺术的本质和功能。"符号性的形式，符号的功能和符号的意味，全部溶为一种经验，即溶成一种对美的知觉和对意味的直觉。"❶ "艺术品时将情感，即指广义的情感，亦即人所能感受到的一切，呈现出来供人观赏的，是由情感转化成的可见的或可听的形式。"❷ 从以上苏珊·朗格的观点中可见她认为审美意象中的情感是形式化的经验，形式又是情感自身的形式，两者有机统一。这点和王夫之将情景相生、情景内在统一、"景者情之景，情者景之情"的观点相似。即情感与形式、情与景均有着化合为一的关系，才能形成审美意象。

王夫之提出情景相生而形成审美意象的方法是在直接的审美感兴之中实现的，即《古诗评选》对谢朓《之宣城郡出新林浦向板桥》的评语中言："语有全不及情，而情自无限者，心目为政，不恃外物故也。"评孝武帝《济曲阿后湖》评语中言："写景至处，但令与心目不相睽离，则无穷之情，正从此而生。"直接的审美感兴让情与景内在统一，情景的自然融合才能形成审美意象。"因情因景，自然灵妙"，优秀的审美意象就是在审美观照中产生的。

而情感与形式结合形成意象的方式，苏珊·朗格认为："亦即任何可以被感受到的东西——从一般的肌肉觉、疼痛觉、舒适觉、躁动觉和平静觉到那些最复杂的情绪和思想紧张程度，还包括人类意识中那些稳定的情调。"❸ 即人类社会中存在着一种普遍的情感，为了获取这种客观情感的知识，才从事艺术活动，因此苏珊·朗格所认为的审美意象中的情感不是私人情感或创作者个人情感的宣泄，而是普遍的人类情感，是足以引起他人共鸣的情感活动。它以形象化的方式表现出来，即艺术表现。所以"艺术表现，就是对情感概念的显现或呈现"❹ 由艺术家创造出来的具有虚幻性质的意象以特定的

---

❶ [美] 苏珊·朗格，滕守尧，朱疆源，译. 艺术问题 [M]. 北京：中国社会科学出版社，1983：32.

❷ [美] 苏珊·朗格，滕守尧，朱疆源，译. 艺术问题 [M]. 北京：中国社会科学出版社，1983：24.

❸ [美] 苏珊·朗格，滕守尧，朱疆源，译. 艺术问题 [M]. 北京：中国社会科学出版社，1983：24.

❹ [美] 苏珊·朗格，滕守尧，朱疆源，译. 艺术问题 [M]. 北京：中国社会科学出版社，1983：120.

物质载体传达出来，这就是艺术品。苏珊·朗格认为艺术品往往是一个基本符号❶，艺术符号是终极的意象，是一种非理性的和不可用言语表达的，诉诸于直接的知觉的，充满情感、生命和富有个性的意象，是来自生活的表象。现实生活感受与情感体验是艺术家想象力的源泉，由实际生活情感引发出人类情感，把生活表象改造成情感形式，需要靠艺术家的艺术直觉。即"艺术，是人类情感的符号形式的创造"。❷

王夫之从情景合一的意象结构阐述到天人合一的哲学思考，从意象的生成到意境的产生，均体现其美学观点，即世界的产生，是一个从即景到取影的过程，通过现量中的"显现真实"而达到人生意义。王夫之认为物我本属于一体，内外原本无判隔，天人一体之自觉，人与世界和谐本然的状态使人澄明的意义世界得到彰显，人与自然的本然境界得以实现。意象世界的建构过程就是去其昏蔽的过程，而现象学中提到的"审美还原"正是同样的原则宗旨，展现一个从"感性显现"到"再现对象"，通过"思考领悟"呈现"表现世界"的审美知觉过程。王夫之所谈论的意象世界的创造是以"即景"的方式呈现审美意象的感性存在，并经历着审美知觉的过程，即强调审美知觉的产生。如他在《夕堂永日绪论·内编》中言："'僧敲月下门'，只是妄想揣摩，如说他人梦，纵令形容酷似，何尝毫发关心？知然者，以其沉吟'推''敲'二字，就他作想也。若即景会心，则或推或敲，必居其一，因情因景，自然灵妙，何劳拟议哉？'长河落日圆'初无定景；'隔水问樵夫'，初非想得：则禅家所谓现量也。"❸ 这里谈论到贾岛在创作中缺乏审美直觉性，没有因情因景作出自然的选择，因而造成审美对象无法感性呈现主体。这里王夫之强调即景会心，即真正的审美意象并非纯粹的主观意志的产物，而是需要客观对象的审美召唤。他用即景的审美知觉来说明意象的感性呈现，也明确其为意象创建的必要阶段。这点如同杜夫海纳所言，任何认识都是从知觉开始，任何完整的感知都要把握一种意义。❹ 梅洛-庞蒂也曾提

---

❶ [美] 苏珊·朗格，刘大基，傅志强，译. 情感与形式 [M]. 北京：中国社会科学出版社，1986：427.
❷ [美] 苏珊·朗格，刘大基，傅志强，译. 情感与形式 [M]. 北京：中国社会科学出版社，1986：51.
❸ (明) 王夫之，戴鸿森笺注. 姜斋诗话 [M]. 北京：人民文学出版社，1981：52.
❹ [法] 米盖尔·杜夫海纳，韩树站，译. 审美经验现象学 [M]. 北京：文化艺术出版社，1992：372.

到，所有意识都是知觉的，强调直觉在主体接触世界时的首要地位，知觉是主动的能够把握意义的能力，知觉使得身体显示为向一个世界呈现，并在这个世界之中进行知觉的途径。

王夫之《夕堂永日绪论·内编》中所言："夫景以情合，情以景生，初步相离，唯意所适。截分两橛，则情不足兴，而景非其景。"强调情与景的互感相生，两者不可分离，且主观与客观不可分离。世界万物皆有情感，自我与世界万物发生情感互动，形成审美意境。如王夫之曾在《诗广传》中言："君子之心，有与天地同情者，有与禽鱼草木同情者，有与女子小人同情者，有与道同情者……悉得其情而皆有以裁用之，大以体天地之化，微以备禽鱼草木之几……"而主体间性美学也认为审美中世界万物都有情感，审美是自我主体与世界主体间的交互感应而达到的最高境界。

综上所述，王夫之认为审美意象中情与景的结合是通过审美感兴和审美观照实现的。苏珊·朗格认为审美意象中情感与形式的结合是通过艺术家的直觉完成的。虽然表述不一样，但深层内涵一致，审美感兴与审美观照的实现离不开艺术家本身，离不开审美直觉，即审美意象是在直接的审美活动中产生，是情与景、情感与形式的自然契合与逐渐升华。

（2）除上述所言外，王夫之常强调的"心目相取""神理相取"也具有意向性内涵。关于"心目"，王夫之在多处谈到其与审美情境之间的关系，如"只于心目相取处得景得句，乃为朝气，乃为神笔"。❶ 心目是指具有审美功能的特殊感官，创作者对自然山水产出审美活动，即"自然之华"，从而产生了"心目之所及，文情赴之"的艺术创作活动，产生对自然山水的反映。审美情境由心中之情、眼中之景两者契合而生。没有其一则不能产生审美情境。王夫之"心目相取"是对中国古代传统诗学中"物感"说的继承与发展。先秦时期《礼记·乐记》中记载："凡音之起由人心生也。人心之动，物使之然也。感于物而动，故形于声"，刘勰《文心雕龙》中言："物色之动，心亦摇焉"，钟嵘《诗品序》中言"气之动物，物之感人"，这些都是关于主体对客体先有了感应，后才有人心之动。王夫之则在前人基础上提出"心目相取""物之相引"的相互运动关系，即心与物之间是在偶发的、随意的状态下实现了相互感应，互振共鸣的，心物交感之时才有情意起

---

❶ （明）王夫之. 船山全书（第十四册）[M]. 长沙：岳麓书社，2011：999.

之，即"有识之心而推诸物者焉，有不谋之物相值而生其心者焉。知斯二者，可与言情矣"。

同时，根据心目之所及，王夫之又提出了"文情"，即《古诗评选》中所言："两间之固有者，自然之华，因流动生变而成其绮丽。心目之所及，文情赴之，貌其本荣，如所存而显之，即以华奕照耀，动人无际矣。古人以此被之吟咏，而神采即绝，后人惊其艳，而不知循质以求，乃于彼无得，则但以记识外来之华辞，悬相题署，遇白皆银，逢香即麝，字月为姊，呼风为姨，隐龙为虬，移虎成豹，何当彼情形，而曲加影响？"❶ 这就关系到审美态度是否产生，因为自然中的万物并非任何人都能引起审美情趣，或许还会有特殊的反感。近现代西方美学中十分重视对审美经验的研究，而审美态度则是审美经验研究的关键点。叔本华曾明确提出"审美态度"的概念。物象能不能成为审美对象，关键是创作主体是否对物象产生审美态度。再回溯到王夫之对审美态度问题的探讨，他从侧面谈到美的产生需要人的"心目"与"文情"的参与，这其实已经提出了审美态度的问题。王夫之文情之观念触到了自然美的本质，在一定程度上与本质论中的生态美学相互呼应。

"心目相取"涉及美学史上关于心目关系的言论，即探讨感官认识与精神关系的美学理论，也关系到审美心理、审美认识和审美体验。在中国传统文艺理论中，心目关系可以分为四大类：一是轻视感官认识。如荀子在《天论》中言："心居中虚，以治五官。"感官认识作为寻美方式之一，在中国古代很长一段时间内都是处于萎缩状态。二是着意于情与神的作用，忽略感官问题。如《毛诗序》中言："诗者，志之所之也，在心为志，发言为诗。"❷ 这是重视情与志的关系和由心而出的情感特征。朱熹曾言："心是神明之舍，为一身之主宰。"❸ 此后，也出现"独抒性灵"的美学主张将"向心求美"的艺术创作推向顶端。这里更加偏向审美主体的自觉性和能动性。三是集中在感物论分析之中的感官认识和精神认识，但并没有明确地谈到两者之

---

❶ （明）王夫之. 古诗评选 [M]. 上海：上海古籍出版社，2011：218.
❷ 张少康，卢永璘编选. 先秦两汉文论选 [M]. 北京：人民文学出版社，1996：343.
❸ （宋）黎靖德编，王星贤点校. 朱子语类 [M]. 北京：中华书局，1986：2514.

间的关系。如钟嵘所言:"气之动物,物之感人,故摇荡性情,形诸舞咏。"❶这时感官认识是作为美学客观基础,并没有系统谈到心目之间的关系。四是重视感官作用且有夸大之词。在中国古代如司空图所言:"直致所得"之说,西方学说有较多类似言论,如亚里士多德提出:"心灵没有意象就永远不能思考。"

由此可见,中西以前的言论对于心目关系的辩证理解有所不足,王夫之在吸收前人观点的同时提出独特见解,以"由目辨色,色以五显;由耳审声,声以五殊;由口知味,味以五别"❷(《尚书引义》)来肯定感官认识世界的作用,但也指出其局限性,如"以目视者浅,以心视者长"❸(《古诗评选》),为此提出了审美认识是需要心目互助互补,感觉与知觉相联系,共同作用,贯通理解判断的。即他在《张子正蒙注》中所言:"耳与声合,目与色合,皆心所翕辟之牖也,合,故相知;乃其所以合之故,则岂耳目声色之力哉!"❹心目关系的确立也实现了审美实践中情景论的建构,由目关景,由心涉情,情景互融间呈现从心向目,主观之情与动人之景达到互相转化。同时心目关系也关乎到"现在"与"显现真实"之义确立时所需要的真实耳目要求。"现成"之说的客观之识与主观之识达到融汇,反向赋予心目融合高度的能量和聚合之力。

(3)"神理相取"与"意向性"同样也有内涵联系。神理是中国古典美学思想中的一个重要观点,王夫之论"理"在于"外周物理",且与"内极才情"相统一,谈到在艺术创作中创作者在反映物象外部形态之时也能表现物体内在的客观物理,物态与物理结合,既能表现自然规律,又能体现艺术规律,达到生活与艺术的双向真实。王夫之论"神"在于神乃理之神妙变化的体现、本质与依据。

当"神"与"理"合成为一个词时便获得了新的第三义,即"神理",神理存在于各种事物之中,是万物的内在本质与内在生命或者内在运动趋势的某种联系,并不随着某一事物的毁灭而消亡,创作者在创作过程中

---

❶ (晋)陆机,(梁)钟嵘,杨明译注. 文赋诗品译注 [M]. 上海:上海古籍出版社,1999:29.
❷ (明)王夫之. 船山全书(第二册)[M]. 长沙:岳麓书社,2011:407.
❸ (明)王夫之. 船山全书(第十四册)[M]. 长沙:岳麓书社,2011:646.
❹ (明)王夫之. 船山全书(第十二册)[M]. 长沙:岳麓书社,2011:146.

需要发现主体与客体、物与我、情与景、形与神、意与象之间的联系，才能得其神理。如王夫之在《张子正蒙注》中指出："天地之间，事物变化，得其神理，无不可弥纶者。"对于艺术创作中"神理"的具体理解，王夫之在《古诗评选》中言："神理流于两间，天地供其一目，大无外而细无垠，落笔之先，匠意之始，有不可知者存焉。"于《唐诗评选》中言："譬如画者，固以笔锋墨气曲尽神理，乃有笔墨而无物体，则更无物矣。"这里强调艺术创作应该忠于自己对审美对象的真实且独特的审美观照经验，把审美对象作为一个完整的审美存在，把握客观存在的自然美，把握形神之间的联系，并在此基础上完整而生动真实地表现出来。

"以神理相取"出自《姜斋诗话》："以神理相取，在远近之间"，"以神理相取"最基本的含义就是艺术家在审美感性中审美地感知把握客观之"形"与最能显示客观规律的"神"。"以神理相取"是一种审美的艺术创造论。艺术中的"神理"是作为一种"意中之神理"，即"在远近之间"，这里的远近并非两个单纯的物理空间概念，而是两个审美范畴，是审美感兴在形神、物我、情景以及意象之间发现并传达出某种联系，包含着虚实相生、婉转屈伸、远近之间、形神兼备的特性。

"以神理相取"是艺术品意境美、至境美、理想美、象外美的审美生成，是艺术家"天巧偶发"的审美感兴，是在创造灵感勃发之时通过联想与想象，在意象之间产生审美升华，从而建立一个虚实相生、形神兼备的既有动态性又合规律性的艺术世界。艺术家在艺术构思或者创造活动中所发现或者建立的物我之间、情景之间以及意象之间的联系不是机械的、勉强的，而是十分自然、毫无斧凿痕迹的，因而水乳交融，浑然一体。同时"以神理相取"也说明王夫之反对毫无节制地倾注情感，在情景之间、主客之间需要保持适当的距离。因此，"以神理相取"作为一种审美的艺术思维，从艺术家思维表征出发，这种情景之间建立的思维模式所达成的效果也与现象学所言意识活动的"意向性"相契合。

关于意向性中的"意"，王夫之美学中一直存在着"以意为主"的思想，这点在前文中已有探讨。一是名言之理，这是王夫之坚决反对在艺术作品中出现的"意"，如他所言："宋人论诗以意为主，如此类直用意相标榜，则与村黄冠、盲女子弹唱亦何异哉！"这是指出这种意势从外部生硬地嵌入至形象之中，它使审美形象与意义相分裂，并且破坏了整体性。二是隐含在作品本身或由读者从作品中自然体会出来的情理与意义价值，强调由现量所决定的审美存在的整体性。这种意是作品的灵魂，不可缺少，而且需要"取之广远，会之清至，出之修洁"才能形成情景交融，才是充满生命感受之景，才是再现世界中存在的表现的世界，才是现量。这个观点与两种含义恰好近似于伽达默尔对于两种真理的阐释，即命题真理和审美理解活动中的真理。名言之理就如同命题真理，后者也与审美理解活动中的真理相对应。

王夫之曾言："采采芣苢，意在言先，亦在言后，从容涵咏，自然生其气象。"这里所提到的"意在言先"，就是指伽达默尔所言的"前一理解"，"亦在言后"是指对作品所揭示内容的领悟和欣赏者自己的反思与理解。"意在言先"和"亦在言后"都是意识发展过程中通过"从容涵咏"中实现的。海德格尔曾谈到一部优秀的作品是一个伟大的存在，这个存在的意义是依靠从整体到部分，从欣赏者（读者）到作品的循环往复中体现出来的，这个过程让欣赏者学会理解陌生的意思、语言与过去，这是一个解释的循环过程。而王夫之所言的"从容涵咏"也正是体现这一过程。王夫之认为作品的解读过程是欣赏者不断探索的过程，也是一个历史过程，伟大的艺术作品对于个人与人类而言都是具有历史意义的。即王夫之所言："然因此而诗则又往往缘景、缘事、缘以往，终年苦吟而不能自道。"因而审美中的现量是将其放置于历史活动中，让欣赏者能够由真切明朗的情怀，而获得深刻的感悟，即"只咏得现量分明，则以之怡神、以之寄怨，无所不可，是摄兴观群怨于一炉，锤为风雅之合调"。这时作品也向欣赏者展示了一个开放的崭新世界，如同现代解释学美学所言的作品的"最高表现"。

三、"兴象"与"灿烂的感性"

王夫之在《姜斋诗话》中提到四情：兴、观、群、怨。在艺术创作与鉴赏中，美的功能性从这四情中体现与阐释，无论是教化功能还是情感转化功能，均能赋予其特殊定义。王夫之"象外"说中强调创作与鉴赏的本质是"兴象"，"兴"基于"天人合一"的哲学观念，是天与人、情与景的感通结果，"天人合一"观念对于艺术创作与艺术审美的生成均产生影响，要求在创作过程中创作主体与创作者、作品、现实世界密不可分。创作者在创作时将主观情感投射至创作对象上，两者相互影响、互相统一。在审美过程中，审美主体与审美对象也融为一体，因而主客相交、情景交融是在"天人合一"观念下孕育而成的。"兴"是以某种"象"或某种情境的方式而存在的"知觉世界"。这正如法国审美经验现象学家杜夫海纳所言的"灿烂的感性"，即"审美对象就是辉煌呈现的感性"。❶ "兴象"就是多维的身体——主体与世界（主体间性）的种种原初性关联，即梅洛-庞蒂的知觉现象学中所言："主体性和主体间性是不可分离的，它们通过我过去的体验在我现在的体验中的再现，他人的体验在我的体验中的再现形成它们的统一性。"❷ 这在王夫之"即景会心""因景因情"的观点中体现出来。王夫之认为"两间之固有者，自然之华，因流动生变而成绮丽"，强调在审美活动过程中，随着时间与空间的变化，审美对象（如自然物象等）会随之变化运动或者飞动流逝，从而使审美主体产生联想与想象的快感。

王夫之在继承儒家传统兴观群怨的观点后，又将四种社会功能改造为四情，认为审美主体的审美经验具有丰富性、个别性和差异性，欣赏者的审美直觉意识具有合法性与自主性，这一观点与现象学所言的本质直观在某种程度上是一致的。但王夫之提出了"可以之者，随所'以'而皆可以"。这里的"所'以'"指代作品的意蕴和欣赏者当时的情怀，"随所'以'而皆可以"则指代欣赏者阐释的自由性，同时也否定了无根据阐释的随意性。伽达默尔提出审美活动由审美意识的现在性与历史性构成，现在性是指审美活动中审美者陶醉于和审美对象的交流之中，悬置日常心态和相关物，从连续的进程中抽取出来成为一个独立的意义。历史性则是指审美意识都是历史存在的，一切现在理解的创见与效果都是审美者的现在视域和作品的历史视域相融合的结果。一切理解都带有历史成见，即"前一理解"。审美意识的历史性与现在性是同等重要，相互存有的。王夫之的现量概念和伽达默尔的现在性观念有一定的相似性，王夫之的"兴观群怨"四情说承认欣赏者在理解作品时需要知识储备、生活经验、道德修养和当时的心境，并具有差异性和有效性，这一点和伽达默尔认为一切理解带有历史成见并有着"前一理解"的观点是一致的。

---

❶ [法]米盖尔·杜夫海纳，韩树站，译．审美经验现象学［M］．北京：文化艺术出版社，1992：115．
❷ [法]莫里斯·梅洛-庞蒂，姜志辉，译．知觉现象学［M］．北京：商务印书馆，2001：17．

朱光潜在《诗论》后记中说自己"试图用西方诗论来解释中国古典诗歌，用中国诗论来印证西方诗论"❶，宗白华"以很大的热情研究西方的哲学、美学、艺术，并向中国学术文化界介绍西方文化的精华"❷。朱、宗二位先生在中西文化融合的方法方面做出了有益的探索。将主体间性美学引入王夫之美学研究之中，能够发现对于审美意象基本结构，即情与景、意与象的分析，与西方体验美学、现象学美学的审美意向性分析相同，均是在审美主客体之间的意向性结构中产生的。关于审美直觉的特性，王夫之将"现量"一词引入美学领域来说明审美观照和审美感兴的基本性质，王夫之美学思想与"意向性"之间能够互相印证。另外，海德格尔所论述的——这个完整的，充满意蕴的感性世界，就是审美意象，就是美。杜夫海纳的"灿烂的感性"，也指出一个完整的充满意蕴的感性世界，就是审美意象，就是广义的"美"。这些观点同时也是王夫之美学中"美"的内涵。

四、"有无之辩"与"存在论美学"

有无之辩在中国虽然不像西方哲学具有纯粹的本体论概念，但仍然涉及本体论层面的问题，如王夫之对于有无之辩有深入的研究，某些研究方法与观点和西方哲学有着惊人的相似。

西方哲学中关于有无问题或者说是存在何以存在的问题，在黑格尔的逻辑学以"纯有"作为逻辑起点，海德格尔对"无"做过本质性的界定，迈农提出非存在概念。但中西哲学对于"有无问题"的研究范畴存在某种程度上的区别。如黑格尔认为，中国的哲学一部分是以孔孟这样的道德哲学为核心，因此有无之辩并非单纯的本体论研究，而是具有道德哲学意味；另一部分停留在抽象里面的哲学理论，对应的是感性对象的外在联结，其具体化往往是道德、政治、历史等非哲学性的东西，在有无之辩问题上，则体现在某种纯抽象的思考、道德的归附、宗教般的神秘色彩。但生活在明末清初的王夫之，在思想表现和哲学理论视角上，却和当时的西方哲学有相似之处。黑格尔在纯存在（纯有）的定义上认为是一种无规定性的纯粹的空，不依赖于除自己以外的任何其他事物，只与自己相同，但它对内对外都没有差异，这

---

❶ 朱光潜. 诗论[M]. 北京：生活·读书·新知三联书店，2014：382.
❷ 叶朗. 胸中之竹[M]. 合肥：安徽教育出版社，1998：284.

种绝对的、自足的存在实际上也是"无"。因此纯有和纯无通过运动直接消失于对方之中，这种纯有和纯无的运动变化就是具体的、有规定性的"实有"产生的原因。王夫之在解释世间万物的产生原因时也十分强调运动的作用。认为"无"只是"有"的隐、散，是气运动变化的结果，气聚合就形成有形可见的"有"，气散离就使"有"转化为"无"。这两者都认为有无并无绝对差别，并且强调运动才是产生世间万有的原因。

同时，"有无"与"存在"也涉及生与死的观念。现象学家海德格尔所言的"向死而生"的观点，是将生死认为是一种生命意义的体验，产生一种情感态度，他将对死的情感归于"畏"，认为人可以规定为"向死的存在"。本真的存在正是将死亡视为一种无可闪避的东西，只有在对死亡的时时警觉之下，存在的本真性与整体性才会得到澄明。❶ 这种恐惧被海德格尔描述为面对虚无。面对虚无，恐惧陡然而生，但正是这种恐惧感让人感到害怕。❷

王夫之则从"有"的哲学范畴与角度出发，认为对死的情感是一种恋慕之情，认为是"生不可苟荣"的伦理性以及"死不可致贱"的超越性，即"哀"，也有着对死亡的优游自如，即"贞生死以尽人道"可以说是对"畏""恐惧""焦虑"的超越。在《张子正蒙注》中提出"贞生死以尽人道""贞生安死"的观点，有着对于焦虑、恐惧的超越性，也有着"尊生""明有"的伦理特征性。如果说海德格尔的存在主义美学是以存在为本体，其美学展出"向死"的品性，以"畏"为标志来代表对于生死的看法，这是因为其晚年对老子之"无"的哲学有所仰慕，其存在的含义有着以"无"为本的倾向，那么王夫之则是以"哀"来标志对生死的看法，其所言之本体则是"有"，以"尊生""明有"为特点，故他们分别以"畏""哀"来标志人对生死的看法。于王夫之的诗论美学而言，他在其诗学论著《诗广传》中同样以"裕于生"来表明"贞生安死"的生死观与美学观，并以此弘扬"裕情"，君子不可知其不可奈何而安之若命，而是有价值地生存，体现君子担当与人生价值。从正视死亡到超越死亡，王夫之的诗学论著中言："至今荒

---

❶ ［德］马丁·海德格尔，陈嘉映，王庆节，译. 存在与时间［M］. 北京：生活·读书·新知三联书店，2014：283-320.
❷ ［德］汉斯-格奥尔格·伽达默尔，邓安庆，译. 伽达默尔集［M］. 上海：上海远东出版社，2003：145.

冢里，赢得血痕香。"❶ "春草生有时，黄尘飞不已……蒲花生石上，芳节待归来。"❷ 借助诗歌表达对于生死的态度，注入对生命的关注，从精神与意义上超越死亡，从对死的思考确定生的方向与意义。

因而，王夫之生死观中的"哀"，从其诗论美学中来看并非是对"死"的悲切与恐惧，而是具有超越性的一种生死情感体验，达到精神世界的超越和自由的释放。就目前学术研究综述来看，中国死亡美学的学术研究多取自西方，如存在主义、阐释美学等理论，"哀"这种对生死情感的体验，反而较少，这也是对传统文化之儒家经典研究的缺失，但对于中国传统文化及美学思想的研究较为缺失，这不失为另一种美学研究的方向。

五、"势"与"力的结构"

运用西方当代格式塔心理学美学中"力的结构"的理论来阐释王夫之美学中"势"的内涵。王夫之认为艺术之所以能够感染人，是因为能够照耀人的心灵的东西只有两个，一是物理，二是性情。这里的物理就是指事物的内在规律以及内在联系的内容，还特别指审美客体在其审美存在中所构成的表现性或显示出来的强大生命力。就如同阿恩海姆所说，构成了一种更加"富有意味的力的结构"。王夫之所提出的限量，其根基在于天人合一的传统，同时也特别强调审美活动中主体的能动性，这不单单是包含着唯物主义反映论。

王夫之关于势的阐释，认为势如脉者，被灌注了生命，势具有"气"的色彩，即"一气清安""生气绵延"❸，并赋予了"势"以生命的特质，具有生成性和时间性的特征。创作者一旦笔锋流畅，则作品便能主动呈现。正如柏格森的"生命世界的绵延"一说，即生命是一种绵延，当绵延发展到一定阶段时，就能够最充分地展现生命的本质所在，那便是美。"绵延意味着创新，意味着新形式的创造，意味着不断精心构成崭新的东西。"❹ 王夫之《姜斋诗话》中谈到性情与物理，两者形成作品照耀心灵的东西。王夫之所言的

---

❶ （明）王夫之．船山全书（第十五册）[M]．长沙：岳麓书社，2011：563．
❷ （明）王夫之．船山全书（第十五册）[M]．长沙：岳麓书社，2011：260．
❸ （明）王夫之．船山全书（第十四册）[M]．长沙：岳麓书社，2011：1056，762．
❹ [法] 亨利·柏格森．创造进化论 [M]．肖聿译．北京：华夏出版社，2000：8．

"物理"是事物内在的规律和联系,也指代审美客体所构成的表现性和生命力,所以王夫之认为"桃之夭夭,其叶蓁蓁"要比"桑之未落,其叶沃若"更得"物理",是因为前者有更多的生命内涵,也是阿恩海姆在《艺术与视知觉》中所言的:"富有意味的力的结构。"❶ 莱辛在《拉奥孔》中谈到绘画的特点时说:"绘画在它的同时并列的构图里,只能运用动作中的某一顷刻,所以就要选择最富于孕育性的那一顷刻,使得前前后后都可以从这一顷刻中得到清楚的理解。"❷ 王夫之所言的"势"和《拉奥孔》中谈到的"孕育性的那一顷刻"相通。因而取势是要产生运动的动态与态势,是产生运动美感,才会有艺术的生命力。

此外,王夫之的"现量"说中面对客观世界强调即遇即所得,即客体之景有着寓意则灵的感性形态,主客体巧妙融合。即"烟云泉石,花鸟苔林,金铺锦帐,寓意则灵。若齐梁绮语,宋人抟合成句之出处,役心向彼掇索,而不恤己情之所自发,此之谓小家数,总在圈缋中求活计也"。❸ 在这里"意"乃是作者主观情感自发所产生的寓意,寓意则灵是指代客观物象为创作主体主观色彩留下烙印,因人化了的景物充满了灵性。景与意会,主体心理世界的内部表征与外部世界的客观对应物发生根本关联,其主要原因在于创作作品中之"景"是富有外在形式美的形象感和内部结构表现的综合体。根据阿恩海姆的同构论中所言,宇宙内部是相统一的,悬崖峭壁、落日余晖等这些人体之外的事物都具有表现性,正如垂柳给人一种悲伤、悲凉之气氛,来源于其垂下去的枝条有一种向下的表现性,这便是"力的结构"。"这种结构之所以会引起我们的兴趣,不仅在于它对拥有这种结构的客观事物本身具有意义,而且在于它对于一般的物理世界和精神世界均有意义。"❹ 创作主体俯仰万物,将自我投入外在世界,客体本身存在形式的特质为主体的欣赏提供了必要条件,客体的形式引起主体情感产生触动,因而没有情绪色彩的客体物象被赋予了主观生命,成为主体情感表达的载体。事物的表现性与

---

❶ [美] 鲁道夫·阿恩海姆. 艺术与视知觉 [M]. 滕守尧,朱疆源,译. 北京:中国社会科学出版社,1984:638.
❷ [德] 莱辛著. 朱光潜,译. 拉奥孔 [M]. 北京:人民文学出版社,1979:83.
❸ (明) 王夫之. 船山全书(第十五册)[M]. 长沙:岳麓书社,2011:819-820.
❹ [美] 鲁道夫·阿恩海姆. 艺术与视知觉 [M]. 滕守尧,朱疆源,译. 北京:中国社会科学出版社,1984:620.

主体的心理结构发生了同构,客体的表现性能够将主体的心理结构进行具象表达,物我之间达到合一,内在情之外化与外在景之内化完成了同构过程。

六、作者—作品—欣赏者

在主体间性美学中的现代解释学和接受美学中,主客体关系的辩证关系延展至作者—作品—欣赏者三者之间的关系,并主张不以作品为中心,而是研究从作者到欣赏者的映射过程,作品本身和审美客体之间的变化流动过程,注重欣赏者对作品意义的创造作用。正如伽达默尔在《真理与方法》中所言"幡然转去,去寻望红日重升的第一道晨曦!"王夫之在《诗广传·卷四》中有谈到人的主体能动性,在审美活动时,是以欣赏者的身份来研究诗歌,重视欣赏主体,重视观赏者的胸怀与对诗歌的欣赏和领悟,认为诗是不能脱离主体的审美客体,是存在于审美主体的"即目会心处",并与现代解释学和接受美学所提出的审美式人文主义和方法论上有共通之处。同时在王夫之美学中认为"作品"在三者关系中,是一个真正意义的再现现实者。作品对欣赏者具有召唤作用,而欣赏者对作品的解读赋予作品真实的意义。如王夫之曾言:"其情真者其言恻,其志婉者其意悲,则不期白其怀来,而依慕君父、怨悱合离之意致自溢出而莫围。故为文即事,顺理诠定,不取形似舛戾之说,亦令读者泳失以遇于意言之表,得其低徊沉郁之心焉。"❶ 即欣赏者(读者)可以领悟作品所传达的深刻含义,达到"涵天下而余于己"的人生境界,并与作品产生精神对话。

现代解释学与现象学美学也重视研究欣赏者对作品的阐释差异和对作品的接受与再创造,也谈到"再现"的意义。杜夫海纳曾言:"现实如不与一个世界相配合就真正没有意义……正是真正审美手段通过唤起这个世界所表现的情感构成这个世界。只有在这个时候,现实才能被认出,再现才是真实的,这是因为再现出于艺术的特性是表现,而不是因为再现是忠实的复制。"❷ 海德格尔认为人的存在是有条件的,存在于时间、空间和历史环境条件中,因此不能超越人的有条件的存在去抽象地谈论人的理解和阐释。阐释

---

❶ 傅云龙,吴可. 船山遗书(楚辞通释·卷二)[M]. 北京:北京出版社,1999:4132.
❷ [法]米盖尔·杜夫海纳,韩树站,译. 审美经验现象学[M]. 北京:文化艺术出版社,1992:576.

者即创作者,通过阐释这种历史性活动,其目的是阐释本身,阐释者与被阐释者,不是外在联系,而是生成关系。伽达默尔在此基础上提出"成见是理解的前提",即阐释者在阐释过程中具有积极主动的作用。

欣赏者(读者)对作品的阐释与再现观点,正如王夫之诗论中对于"取影"的阐释,有言:"借影脱胎,借写活色。"❶ 创作者描绘对象时并没有直接写形,而是借影脱胎,再现活色。这种再现的过程,是通过创作者的想象,对共有特征进行描绘,让欣赏者只要看见相关修饰时,就会想到某一物象或某种状态。这是想象在经验方面已经给予了贯一的定性特征,因而在再现层面,恢复了物象的某种象征意义,也为激活想象开辟更为广阔的空间。想象作为精神与肉体的纽带,虽然是虚构的,但人对于它的透射却是客观真实存在的。可见,在意象的生成过程中,王夫之对于"再现对象"与"想象"是十分重视的。杜夫海纳《审美经验现象学》中曾言:"在想象允许我们用感知之物替代体验之物的情况下,在它引进一种不完全是不呈现、而是在构成再现的存在之中的这种距离,即对象摆在我们面前,相隔一段距离,可以望见并随后可以加以判断的距离,从而打破呈现的直接性的情况下,开拓思考。"❷ 这里的"距离"就如同王夫之所谈的"势"与"境"的创造。在审美知觉过程里,再现给予人们想象的空间,给予人们对审美对象的初体验与深入思考,也给予现实以存在的意义。

在文艺作品中,审美活动的产生造成欣赏者(观者或读者)与作品、创作者(作者)之间存在阐释差异,而且对于同一作品,不同的欣赏者也会产生阐释差异,因而作品的意义在被欣赏的过程中不断产生和变化。王夫之对此有一段论述,也是对"兴观群怨"的阐释,即《姜斋诗话》中言:"'诗可以兴、可以观、可以群、可以怨'尽矣。辨汉、魏、唐、宋之雅俗得失以此,读《三百篇》者必此也。'可以'云者,随所'以'而皆'可'也。于所兴而可观,其兴也深;于所观而可兴,其观也审。以其群者而怨,怨愈不忘;以其怨者而群,群乃益挚。出于四情之外,以生四情;游于四情之中,情无所窒。作者用一致之思,读者各以其情而自得。……人情之游也无

---

❶ 傅云龙,吴可. 船山遗书(古诗评选·卷三)[M]. 北京:北京出版社,1999:4744.
❷ [法]米盖尔·杜夫海纳,韩树站,译. 审美经验现象学[M]. 北京:文化艺术出版社,1992:388.

第三章　王夫之美学与主体间性美学之比较

涯,而各以其情遇,斯所贵于有诗。是故延年不如康乐,而宋、唐之所由升降也。谢叠山、虞道园之说诗,井画而根掘之,恶足知此!"这是王夫之谈到的诗为何物,他把诗歌艺术进行了创造性的理解,将四情"兴、观、群、怨"与诗歌的价值和作用联系,将其作为衡量是否为诗的标准。

同时,王夫之也认识到不同的欣赏者对于四情的具体要求是不同的,即人的情感要求是无限的,创作者如何凭借一首诗来满足欣赏者无限的情感要求呢?王夫之以"其情"来理解诗歌,"人情之游也无涯,而各以情遇,斯所贵于有诗"。作为情感符合的诗歌具有一种超越性,即"宽于用情",这也是类似现代解释学的方法,即超越每个人理解的地平线。

接受美学在现代解释学之后探讨了关于从阅读理解角度切入对世间是否有能够包容欣赏者无限阅读和阐释的艺术创作。如罗曼·英伽登认为,作品的本文是一个多层次的结构,它的无限性和超越性表现在能够永远打破欣赏者的期待水平,刺激其产生积极参与感,并对作品本文意义进行创造。产生以上这一现象的原因在于作品结构中含有很多"空白"。这种空白就是欣赏者产生无限想象和无限宇宙空间的源泉。沃尔夫冈·伊瑟尔用"暗含的读者"解释"空白",表明在本文结构中暗含读者可以实现的种种解释的萌芽与可能性。汉斯·罗伯特·姚斯称其为召唤读者在阅读中赋予作品具体的现实生命。文艺作品结构中的"空白"这一观点在中国传统美学中就是"计黑当白""化虚为实""虚实相生""超以象外",也是王夫之所言:"抟虚成实。"

王夫之还提到文艺作品中无限的包容性,并以诗歌为例:"古之为诗者,原立于博通四达之途,以一性一情周人性物理之变,而得其妙。""唯此窅窅摇摇之中,有一切真情在内,可兴,可观,可群,可怨,是以有取于诗。然因此而诗,则又往往缘景,缘事,缘已往,缘未来,终年苦吟而不能自道。以追光蹑影之笔,写通天尽人之怀,是诗家正法眼藏。"这里便提到诗歌超越时空包容万物。同时王夫之也谈到因为创作者苦心经营,以及天才般的创作才能得到"大无外而细无垠"的特点,这种特点便是无限宇宙与无限世界。

王夫之美学的"现量"说提倡在审美活动中审美对象和审美主体都应该显示自己的本性,由作品能够推究创作者,即"显现真实,乃彼之特性本自如此"。现代解释学美学代表伽达默尔曾言:"每一个自我封闭在自身内,每一个人在其表现中每一个他人敞开自身"❶，即一个人在现实中可以隐蔽自己，但在艺术创作中却展露无遗，艺术创作是艺术家存在的方式，因此想要创造伟大的作品，需要艺术家先锻造伟大的人格。可见王夫之"现量"说中所言，从作品来阐释艺术家的阐释方式，作品和创作者之间关系，上述观点与现代解释学美学基本一致。

王夫之也强调审美活动中创造性与表现性相统一，艺术语言要具有表现性和创造性，如曾言："左丞工于用意，尤工于达意。景也意，事亦意，前无古人，后无嗣者，文外独绝，不许有两"这是强调作品要有"意"的前提是创作者要对自然、宇宙万物有独特的审美观照、有人生的体验与感悟，同时也要善于用语言出佳境。而杜夫海纳则认为许多人虽有灵感，但因为没有创造出与其灵感相匹配的形式而成就不了伟大的作品，艺术语言的熟练驾驭和非凡悟性在艺术创作中不可缺少。形式（语言形式或艺术形式）在艺术中的地位是很高的，它在向人们表明它属于创造物。这点与王夫之所言："前无古人，后无嗣者，文外独绝，不许有两"的评论相似，只不过王夫之并不十分强调艺术语言要处于本体地位，只要求创作者善于使用艺术语言，即"工于达意"，找到一条真正正确掌握语言艺术的道路。至于如何创造这条艺术语言的道路，则需要后人不断去探索。

此外，现代解释学与接受美学在方法论上运用了"问答的逻辑"的辩证方法，即伽达默尔《真理与方法》中提到："我们所论证的问答的辩证法使得理解表现为一种同谈话一样的互相关系。诚然，一种本文并不像另外一个人那样对我们讲话。我们这些努力寻求理解的人必须通过自己让本文讲话。"❷ 现代解释学认为审美理解和接受不是停留在欣赏和理解的层面上，而是从审美主体的角度去观察它对我们说了什么，因此，对文本的接收程度包含着欣赏者（接受者）的自我肯定，是审美主体和被接受文本之间的对话。这是欣赏者与作品之间有了一种能动的生成关系，两者互为各自的存在证明。这种辩证方法与王夫之在阐释"体"与"用"的关系十分类似，王夫之提出"体用胥有"的哲学命题，即在《系辞上传》中提出："体用相函者也。……

---

❶ [德] 汉斯-格奥尔格·伽达默尔. 真理与方法（上卷）[M]. 洪汉鼎，译. 上海：上海译文出版社，1990：280.

❷ 朱立元. 现代西方美学史 [M]. 上海：上海文艺出版社，1993：864.

体以致用，用以备体……无车何乘？无器何贮？故曰体以致用；不贮非器，不乘非车，故曰用以备体。"用以分析欣赏者（读者）与文艺作品之间的关系就是一种"体用"关系。"体"是指实体或本质（本性），"用"是指作用或现象。二者相持相函，互不可分。

王夫之还强调审美对象的客观存在。审美对象在自然物象意义层面上可以说是不以人的意志为转移的客观存在。在审美意象的层面上，它是一个历史存在。审美活动中欣赏者是具有主观能动性的，这点与现代解释学和接受美学的观点一致。现代解释学与接受美学都属于复杂的学术流派，而王夫之作为中国唯物主义大师，两者虽然相隔几百年，但在文艺美学研究上却有着相似之处。

综上所述，王夫之美学与主体间性美学思想有着暗合之处，也因其哲学观、文化背景、社会环境等多方面的不同，而产生一些本质的差异性。但中西文艺理论的对话仍然能够为我们提供一些"共识"与"互补"的线索，为中西美学双向互审研究提供路径。

第三节 王夫之美学与西方主体间性美学的双向互审

一、中西美学对话之渊源

明末清初，正是西方理论渗透进来之前，中国传统文艺理论发展至一个高潮时期，王夫之作为中国古典美学与文艺思想发展史上承上启下的集大成者，其美学思想以其哲学观点为基石，用诗论著作为依托，对宋元明以来的文艺理论批评中的诸多问题提出精辟的见解，从多维角度研究艺术创作与艺术欣赏的规律，也为中国传统文艺理论的完善奠定了坚实的基础。

尽管中西文艺理论由于产生时间、文化背景各不相同，且有独立的发展嬗变轨迹，但深入研究会发现二者暗含诸多契合之处，加以分析可见这种契合的深层原因是建立在不同的哲学观与美学观之上的，这不得不让人心生深究之心。诚然，部分学者在前期已经对中西文艺理论开启了比较分析之路，如学者刘若愚《中国的文学理论》一书中将中国的形而上理论与现象学大师杜夫海纳的理论进行类比分析。部分批评家也主张中国的物我合一理论与现象学家主张的主体与客体合一相类似。

中西美学的契合并非孤立和偶然的,应该是与文化渊源相关。李约瑟《中国的文化和文明》中谈道:"西方近代有机哲学史受到了中国哲学的启示,需要生机哲学甚至原子唯物论时代已经来临,当这个时代来临时的我们发现一系列哲学家,从怀特海可追溯到恩格斯和黑格尔,从黑格尔可以追溯到莱布尼茨——都是铺路者,他们所得的灵感也许不全是欧洲的,也许现代欧洲的自然科学理论基础意外地得于庄周、周敦颐、朱熹的启示。"学者张祥龙也曾谈道:"在海德格尔那里看到的就是一个很典型的例子,海德格尔对中国道家非常感兴趣,而且很尊崇,确实从中吸收了很多东西,另外像德里达,对中国的书写文字比较感兴趣。为什么会这样?因为现象学改变了西方哲学方法,即那种割裂现象和本质、客体和主体的思维方式,使得西方不少现象学家能够看到东方思想的独特和出色的地方。现象学的基本态度首先是朝向活生生的事情本身,你自己睁开你的眼睛直观去看去听,然后从这里头得出最原本的东西,这与中国的禅宗很相近。"

明清之际,已有中西哲学的对话,当异域文化相逢之时,不同的立场决定着中西学者从不同文化的根源出发,以其自身相伴的知识体系来看待开放世界所带来的思想理论。基于正统或是借鉴,都表明在当下中西哲学美学之间的类比研究具有一定的延续性。

明朝末年西洋的科学技术知识传入中国,知识分子对其的关注不容小觑,明末清初众多学者都曾研究或了解过"西法",如明末科学家方以智与王夫之交情深厚,王夫之曾谈过其"质测之学"的合理性,即实证科学,并认为"格物致知"需要从科学实证的意义上来研究。当然由于中西文化与生活环境、传统观念的不同,王夫之对于初次接触的西方科学知识并非完全接受,如对于利玛窦的地圆说,就持反对意见。

另外,西方主体间性的思维方法在我国古典美学中已有所揭示,"庄子美学和禅宗美学都承认自然、世界是权力主体,它们不是一个孤立的客体或者自我的符号,在自我主体与自然、世界主体的交往和经验中产生了美感。"❶ 但是在中国天人合一的哲学思维中,人与自然、社会并没有达到充分

---

❶ 杨春时. 从实践美学的主体性到后实践美学的主体间性 [J]. 厦门大学学报(哲学社会科学版), 2002 (5): 26.

分离，也就是主体性与客体性没有充分确立，这一切都是建立在情感体验基础上的，不可否认的是中国古典美学中存在主体间性思维方法的最早表现。

二、王夫之美学与主体间性美学之异

本书前一节在谈论王夫之"现量"说与现象学"本质直观"时提到两者在某些方面也有所不同。在主客关系的部分论点上，王夫之美学中的"情景"说与现象学的主客关系上也有相似或不同之处；王夫之美学中的"现量"说与现象学中所谈到的"积极的阅读"也有相似或不同之处；王夫之气本论观念与现象学关于"存在与存在者"之间的关系也有相似或不同之处。

（1）自胡塞尔1900年创立现象学后，摒弃主体与客体二分的二元论观念，而是以主体与客体互相包含为基本前提，以探讨世界如何被人认识为基点，从而展开一系列哲学思辨。

王夫之的情景说与主体间性美学中现象学理论的主客体融合一说有许多契合之处，也有不同之处。王夫之对于情景关系的论述较多，他反对宋元以来割裂情与景的观点，主张情景合一，共为完整艺术形象的两个方面，彼此融洽相合。他所言的情景合一并非借自然景色抒发创作者之情感，而是情以景为外化的载体，景染情而浑然一体。如《古诗评选》评谢灵运《邻里相送至方山》"情景相入，涯际不分。"《唐诗评选》中言："景中生情，情中含景，故曰：景者情之景，情者景之情也。""情景名为二，而实不可离，神于诗者，妙合无垠。巧者则有情中景，景中情。"王夫之认为艺术构思和创作过程中，情景从一开始就是不可分离的，创作的冲动也是在人心和外物相互感应中产生的，即《诗广传》中言："情者，阴阳之几也；物者，天地之产也。阴阳之几动于心，天地之产响于外。故外有其物，内可有情不矣；内有其情，外必有其物矣。"而这时情景相融相生的状况，只有在创作者"兴会"时才能发生。若是没有"兴会"，则情景互藏其宅的意境就不能达到，即《明诗评选》中所谈到的"一用兴会标举成诗，自然情景俱到，恃情景者不能得情景也"。同时王夫之提出具体创作活动的情景融合需要适当的结合点和距离度，创作者不能过分强调主观的意向性行为，不可为了适情而扭曲外界的景物，要在内心和外物的感合中获得主客观契合，且主客体和情景间要保持适当的距离，不能毫无节制地注入情感。即王夫之在《诗绎》中谈道：

"以乐景写哀,以哀景写乐,一倍增其哀乐。""以神理相取,在远近之间,才著手便煞,一放手又飘忽去。"

关于主客体相融的关系,现象学把艺术创作与对美的追求看成是主观与客观相结合。如杜夫海纳在《审美经验现象学》中谈到审美对象与自然对象、实用对象不同,它是具有三重存在方式的对象,审美对象并非独立存在的一种东西,而是知觉的对象,即强调审美直觉。同时杜夫海纳还强调审美对象接受的重要性,即只有当审美对象存在于观众意识中的时候,它才是完整的。由此可见,现象学中主客体相融合是以回到事物本身为前提的,只有这样,才能把握主体与对象的意象性联系。现象学家罗曼·茵加登在《文学的艺术作品》中提出作品有四个层次,即声音、意义、图式、作品要表现的事物(也就是创作者的意识世界,或者说是作品中的客体)。意义层次是指作者对客体再现是主观意识的增加,图式层次是指创作者主观与客观交汇时的一种新创造,也代指欣赏者对作品的创造。由此可见,王夫之情景说倡导的是情景交融,其根本是创作者的主观情感与客观物象的交融统一,现象学所提到的也是主观与客观相统一。但王夫之情景说中的情景是互藏其宅的,即创作者主体与客体之间需要"兴会",才能交融而得,既强调主体的能动性,也不否认或贬低客体的作用性。而现象学中是强调感觉和知觉的作用,即审美知觉的重要性,认为客体本身不具备审美有效性,是人的意识投射至客体之上作为审美的载体,才能够成立。这点和王夫之的观点又有区别之处。

王夫之强调主观认识的客观基础与能动性能够把握对象本质,而现象学则主张以主体直观纯粹的对象,纯粹的主体意向性活动使得对象的结构显示出来,同时主体的意向性活动结构也能够显示出来。王夫之作为唯物主义思想家,是反对先验的人性论的,主张人性并非与生俱来、一成不变的,也就是说人的审美表情特征也可以通过后天而形成。而现象学家杜夫海纳则强调先在的表情性,这是由具体的审美经验过程呈现出来的,是具有宇宙性意义的,是具体存在的。可见两者的观点是相悖的。

(2) 王夫之认为美的多样性在于美具有多义性,艺术欣赏中也会存在主观的差异性,欣赏者会因为当时的心境而对作品做出自我解释,并丰富作品情感与艺术形象,不同审美素养的人,可以起到不同的作用。如在《诗绎》中谈道:"'可以'云者,随所以而皆可……出于四情之外,以生起四情;游于四情之中，情无所滞。作者用一致之思，读者各以其情而自得。""故《关雎》兴也，康王宴朝而即为冰鉴；'訏谟定命，远猷辰告'，观也，谢安欣赏而增其遐心。人情之游也无涯，而各以其情遇，斯所贵于有诗。"即王夫之谈到接受主体（欣赏者）的再创造，在鉴赏过程中对作品触发情感未必就是创作者想要表达的艺术见解。这个观点与现象学中所谈到的"积极的阅读"观点类似。罗曼·茵加登谈到人的意识总是意向性的，作品产生于作者的意向性行为，作者的意向性行为被欣赏者在自己的意识里进行体验，作品带有很多作者构思时所形成的未知，即未确定处，以及潜在的没有完全表达出来的因素，那么就需要欣赏者的阅读是积极的阅读，让作品呈现具体化的阅读，这是欣赏者（读者）与创作者（作者）的意识过程共同创造的部分。但是罗曼·茵加登所提到的"积极的阅读"，在另一方面是以人的意识的"意指性"为基础的。王夫之的艺术欣赏却是以现量说为基础，即审美直觉理论。具体而言就是王夫之所谈到艺术美的创造与艺术美的欣赏过程中需要情景融合，而情景融合则需要适当的结合点和距离，这种结合点和距离的获取是"神理凑合""自然恰得"的，并非从抽象思维中获取，也不能被强求或预期。创作者在直接的感性生活基础体验之上产生了不需要精心安排和抽象思维的瞬间感触，达到感性与理性、现象与本质的统一，审美直觉才在此基础上产生了审美意象，并具有广泛性、多样性、多义性与多元化的内涵特征，审美主体也才能充分发挥主观能动性，而达到"各以其情而自得"。

（3）王夫之气本体论是充分继承和发展了张载的唯物主义思想，并提出"太虚一实"的唯物论思想，认为宇宙唯"气"，即"太虚之为体，气也"。（《张子正蒙注·乾称》）气有着聚散往来，有无、动静、虚实都是气的运动形态。"无非无形也，人之目力穷于微，遂见为无也。"（《张子正蒙注·太和》）这是认为"有"是世界的本体，气云聚而生万物，目力可见是有，不可见也并非不存在。这种气具有永恒不灭的观点，与西方现象学强调主体的直觉，否认客体存在于人的意识之外的思想形成鲜明对比。

王夫之认为客观世界本身具有美感，"美"具有客观存在性，文艺创作需要反映这种客观存在的美，而欣赏者则通过作品去体会这种客观存在的美。这时欣赏者和创作者的眼光就很重要，即王夫之在《诗广传》中言："天不靳以其风日而为人和，地不靳以其情态而为人赏，无能取者不知有尔……是以乐者，两间所固有也。然后人可取而得也。"现象学家杜夫海纳曾谈到自然和意识是"有意义的存在"的显现。海德格尔对于存在与存在者之间的关系，认为"存在"与"存在者"之间相对应，这里的存在就相当于道家所言的"道"，存在者就相当于客观存在的实体，海德格尔强调"存在"的意义是在自然与人类的原理中，并非人类主观投射给自然，这点与王夫之的观点类似。但是杜夫海纳认为作品只有被欣赏者（读者）所认识与感受，作品才能被称为真正存在。现象学家普遍认为客观事物本身并不具有审美有效性，只有当主体（创作者、欣赏者）通过情感介入，客观事物才成为审美对象。这是强调主体（创作者、欣赏者）的作用，而王夫之则相信道（美）能够自然显现于艺术创作之中，而不是道（美）要求表现，他是强调客体的自然显现。由此可见两者又出现了观点的差异性。

此外，王夫之反对离开"器"而言"道"："天下惟器而已矣。道者，器之道；器者，不可谓之道之器也。"（《周易外传·系辞上传》）器之道与现象学"没有无对象的意识"相似，后者"不可谓之道之器"与现象学"没有无意识的对象"相异。现象学"没有无对象的意识"是指现象学家胡塞尔认为人的意识总是指向某一物体，是有意向性的，离开物体，人的意识就不存在，因为思维主体与意指的客体互相联系，不可分割，所有主体即人的意识都是以客体为对象的意向性活动，没有无对象的意识。

综上所述，本章以部分角度的比较研究，希望对中西美学对话提供一些互补与共识的相关线索，未来研究还需要进一步吸取中国古典美学的理论资源，不断完善当代美学理论体系。另外，中西美学理论从双方中获得自身的整合与发展，呈现一种时间之流中的双向循环互动、交替上升的生发结构与目的论结构。同时要充分把握自己文化的特点，展现现代思想的创造性诠释，增强多元文化之间的对话，促进各民族文化之间多元共存。

第四章　王夫之美学的文化价值

明末清初思想家王夫之（王船山）是近代湘学的代表人物，在中国古代文艺思想发展史上有着继往开来、承上启下的传承作用。王夫之从哲学入美学，由美学生哲思。其美学整合了中国古典哲学与美学，具有较强的逻辑思辨色彩，是对其美学与哲学的投射与对接，在继承传统文化思想的基础上富有创新精神，其美学具有中国传统美学的气质和特性，也具有哲学思辨特点与生命智慧的精神内涵。他善于从美学角度出发来探讨哲学问题和人生意义，以审美观来探讨人与世界的存在关系。

王夫之在《夕堂永日绪论》中自述："自束发受业经义，十六而学韵语阅古今人所作诗不下十万，经义亦数万首"❶，清代刘献廷的《广阳杂记》中也有记载："其学无所不窥，于六经皆有发明，洞庭之南，天地元气，圣贤学脉，仅有此一脉，仅此一线耳。"❷ 这样一位古代伟大的哲学家和美学家，在创造性地继承和整合先贤理论的基础上，阐释自己的美学思想，且极富逻辑思辨特点。西方学者布莱克曾评价王夫之："这位曾处于许多中国文化传统的十字路口的文化巨人其显著事实之一，是他的思想如此多样，而竟是在相对孤立于同时代学者的环境中发展起来的。"❸ 谭嗣同曾赞叹道："五百年来学者，真通天人之故者，船山一人而已。"❹ 对于王夫之在中国文化思想史上的地位，当代学者都有着极高的评价。张岱年先生言："王夫环山的哲学思想是明清之际唯物论的最高成就。"冯友兰先生言其著作"对于中国古典哲学做了总结"❺，任继愈先生在《中国哲学发展史》中曾提道："王夫

---

❶ 傅云龙，吴可. 船山遗书（夕堂永日绪论）[M]. 北京：北京出版社，1999：4619.
❷ （清）刘献廷. 广阳杂记（卷二）[M]. 北京：中华书局，1957：57.
❸ [美] A.H. 布莱克，王培华译. 我为什么要研究王夫之的哲学 [J]. 船山学刊，1996（1）：2.
❹ 朱维铮校注. 梁启超论清学史二种 [M]. 上海：复旦大学出版社，1985：16.
❺ 冯友兰. 中国哲学史新编（第一册）[M]. 北京：人民出版社，1982：59.

之哲学是封建时代唯物主义哲学的最高成就。他集前人之大成，系统地总结了我国古代朴素唯物论和辩证法，吸收了各方面学术研究的优秀成果。在这个基础上，他才能够使自己的哲学有较全面的创新，代表了前资产主义社会的人们认识世界一般规律的最高水平。"学者张少康在《中国文学理论批评史》中谈道："王夫之的诗歌理论一方面总结了中国古代诗论史上、特别是宋元以来的一些有争论的重大理论问题，另一方面又提出了许多深刻精辟的重要见解，开辟了清代诗歌理论批评的先河，因此是一位具有继往开来、承上启下重要作用的文学理论批评家。"❶

王夫之美学来源于中国传统文化的精神内涵，承载着厚重的文化底蕴。身处于特殊时期的王夫之，其美学思想具有鲜明的个性特点，不仅体现古典美学的特点，也凸显古学与新学的碰撞，哲学与美学的交汇，其诗论著作中凸显画学哲理。前文通过对王夫之美学与主体间性美学的比较研究，能够发现在某些方面与现代西方哲学、美学有着不谋而合之处。但王夫之美学的产生时间却远远早于现代西方美学，从这点来看，可见其对于古典美学的创新与创造，也见证王夫之美学闪耀着现代思想的光辉，其美学体系架构了一座由古代通向现代，由中国通向世界的美学桥梁，对于建构具有中国文化底蕴的现代美学体系具有重要的现实意义。对于当代研究者而言，对传统文化的传承与研究并不是简单的综合，而是反思与创立新知，进行现代转化，肩负繁荣文化与学术理论建构服务于社会的使命。

第一节　王夫之美学的综合创新

一、艺术意境的创构与创新

纵观中国现当代美学发展历史，近百年来，随着船山学的发展，中国现代美学受到了船山美学的熏陶和影响。如宗白华先生曾在《艺事杂录》中摘录了历代关于论势的画论，其标题下注：势与理，并对"理势"之于中国画学美学的重要性有深入探究。他提出理即形式、势即生命，气随势而生，神

---

❶ 张少康.中国文学理论批评史（下卷）[M].北京：北京大学出版社，2005：235.

理，势在理中，理行势内乃具神理。并注曰："王船山：'以追光蹑影之笔，写通天尽人之怀。'"[1] 可见，宗白华对于画学中提出"理势"观是受到王夫之美学的影响。叶朗先生则吸收了王夫之的"现量"说和"情景"说，称王夫之建立了一个以诗歌的审美意象为中心的美学体系，并以此提出"审美意象"论，建构了"美在意象"的现代美学体系。可见从宗白华、叶朗先生等美学家对王夫之美学思想的阐释与发掘，利于我们后辈对当代美学思想的研究与发展。对王夫之美学的研究，对于建构当代美学体系有极大借鉴意义。

王夫之美学思想是中国古典美学的总结形态，对于我们建构当代美学具有重要意义。这种意义包括参照意义，即参与或介入，参照主体在主体意识下，对其进行诠释，最终达到自身的优化。王夫之的美学思想蕴含着哲学思想，讲究本体与实用，认识与实践相结合，充满着丰富的辩证法思想。王夫之是唯物主义的气一元论者，主张把主体与客体联系，从体和用的关系上证明"气"的实用性质。王夫之在批判性继承中国古典美学思想的同时提出个人独到见解与深刻体会，如从本体论的角度出发，论述"天人合一"的美学范畴，认为气是万物存在之根本，天人之间和谐共处，以仁爱之心对待万物。因此，王夫之美学对建构当代美学具有原型的参照意义，原型是指人们在长期的历史发展中积淀的世代传递的审美心理定式，铭记于人们心理结构之中，这种原型凝聚着人们审美经验的相对固定模式。王夫之的情景说与意象论等美学观点便具有这样的原型参照意义。

王夫之美学对人与自然、主客关系、真善美表现、情景关系等多个美学范畴进行辩证分析与总结，对审美心理、审美创造、审美表现、审美观照等多个方面的美学特征与规律进行概括与描述，从艺术的表现手法、创作方法、形象思维、艺术目的、艺术功能等多个角度阐述、研究与辩证解释，从人性成善的角度对审美教育进行阐释，体现了传统的深度与时代的新意，对当下的美学研究有着现实价值与历史贡献。

本书将王夫之美学中的画学范畴与其哲学、诗学思想建立互相吸收和发展的关系，重新构建王夫之美学中的画学哲理意蕴，以审美心理为基础、审美表现为主干、意境创造为核心、审美教育为归旨，去构建船山美学的理论

---

[1] 宗白华. 宗白华全集（第二卷）[M]. 合肥：安徽教育出版社，2008：73.

体系，促进传统文化的当代可塑性研究。本书的研究对于历史诠释部分，利于正确解读和诠释王夫之美学思想与产生时代的关系。

同时，将王夫之美学思想中的画学哲理与其哲学、诗学思想建立互相吸收和发展的关系，从多个方面解读，包括形神关系追求形神兼备，艺术关系的"以神理相取，在远近之间"，主客关系的情景相融，生命传达中的象外之象，审美意象追求"身之所历，目之所见"，审美观照以现量思维为基础等。将王夫之美学与画论建立联系，深化对"诗画本一律"思想的解读，更完整了解中国近古时期美学史的发展高度，增添了王夫之美学思想研究的维度，从单纯的诗论研究扩展到画论研究，是对王夫之思想中美学高度的一种深化，有助于更完整地构建中国近古时期美学史的发展高度。

王夫之美学还对建构当代美学有着校正参照意义，校正参照意义是指王夫之美学对现代美学体系的构成和发展提供校正方向的有益参照。纵观王夫之美学作为建构现代美学的参照物，必须经过现代意识的提炼才能融入现代美学，本书通过对王夫之美学中的画学哲理、传统画论、书论、主体间性美学之间关系以及美学体系研究，希望能够对建构中国当代美学提供帮助。

二、中国古典美学的总结者

王夫之对于中国传统古典美学的总结不仅是理论上的概括，还富有鲜明的时代批判色彩，具有时代批判精神和思辨特征。文随时变，他希望在时代跌宕起伏之时走出一条保持传统却能够体现时代精神的革新之路。因此他反对不重视审美主体能动性，不重视"才情"的复古主义观点，也批判浪漫主义只注重心灵作用不关注"物理"的唯心观点，在这种双向批判中走出了一条符合传统基本精神却又有大胆创造和革新创新精神的折中路线，即充满辩证色彩的"内极才情，外周物理"的朴素唯物主义的现实主义美学，可以说王夫之美学成为明清美学的一缕新光，呈现出富有传统精神与时代色彩的美学路线。

中国古典美学的发展变化轨迹大致分为三个阶段。

一是先秦两汉时期处于美的观念形成之时。诸子百家思想的出现形成了诸子美学。儒、道、墨等各家提出了众多美学观点与理论，解释审美现象，都集中在真善美、人与自然、文质道等问题上。汉代美学独尊儒术，主推儒学的美善观、文道观。文即四书五经，美则是善。这一时期成为中国古典美学观念认识形成时期，也是中国美学主体精神初步形成时期。

二是魏晋隋唐时期是中国古典美学蓬勃发展之时。美学重心在审美自觉与重视美的表现、审美规律性，出现了气韵、传神、风骨、意境、情景等范畴的探讨。这一时期各个艺术领域出现了代表性的美学论著，如刘勰《文心雕龙》、钟嵘《诗品》、谢赫《古画品录》、张彦远《历代名画记》、张怀瓘《书断》等。

三是宋元明清时期是中国古典美学深化总结之时。理学对美学的渗透，市民阶层文化对传统美学的冲击，儒道释三家合流对美学的影响，这一时期的古典美学具有哲理性与思辨性。明清美学出现两大美学思潮：一方面是以李贽、汤显祖、公安三袁为代表的浪漫主义美学；另一方面是以王夫之、叶燮为代表的现实主义美学。前者以童心、性灵与本色为基础去概括审美特征与审美规律性。后者以意象、情景、意境为主体去辩证看待审美主体与审美客体之间的关系。两者对立统一，也处于互相渗透、演化与联系，处于分分合合的状态。总体而言，明清美学形成了多样性的理论体系，也是中国古典美学史上的重要时期。

美学是一种艺术哲学，而用哲学的思辨观去认识美，也是王夫之美学思想架构的基础与内在灵魂，在此基础上，王夫之提出了一条朴素唯物主义与辩证法相结合的美学路线。这种艺术辩证理论体系是建立在他对传统美学的批判与总结之上的，以儒家美学为主体去建构美学体系，以批判精神去吸收精华，反对固守"死法"，弥补和充实传统美学的不足，"推故而别致其新"，提倡"活法"，遵循艺术规律，集传统美学之大成者，对古典美学总结、传承与创新，呈现出一种动态的美学发展过程。正如他在《夕堂永日绪论》中言："诗之有皎然、虞伯生，经义之有茅鹿门、汤宾尹、袁了凡，皆画地成牢以陷人者：有死法也。死法之立，总缘识量狭小。如演杂剧，在方丈台上，故有花样部位，稍移一步则错乱。若驰骋康庄，取途千里，而用此步法，虽至愚者不为也。"

王夫之美学从阐释美的本质、特点、根本旨趣，到探索审美心理、审美教育、审美表现等更深层次的美学方向。从美的根本而言，王夫之率先抛出美学领域中关于美与真的讨论，以气本体论为根本载体的唯物主义美学，提出阴阳二气聚散运动之美，标示出王夫之美学的基本立场。同时，王夫之在继承传统美学思想的基础之上，主张外美与内德的和谐统一，将社会"文"

美升华，从自然"质"美向人文之美转化。

王夫之的辩证观点贯穿他的美学理论，以阴阳动静为动因，以屈伸变化为形态，坚持对立统一的观点，从美学本质认识上提出"刚柔相济""阴阳化美"，从审美认识上提出形神物相互辩证的关系，从创作原则上提出"外周物理"与"内极才情"，从审美表现上提出情与景、言志与缘情，从审美意境中提出虚实相生、情景互生、有无之辩、动静相化、意伏象外，从美育社会功能上提出兴观群怨的互相联系、转化与融合，这些都体现了王夫之美学的思辨性与辩证观念。他立足于中国传统文化，把传统文化推向了朴素唯物主义和辩证法的历史巅峰。从社会历史环境来看，他是宋明理学的最后一位大家，也是从传统文化中最早意识到近代启蒙曙光的先驱者。从"穷源"到"纳川"，以多维的视野去放眼传统文化与文艺理论思想，以海纳百川的气势辩证性批判、继承与总结传统文化与学术思想，从而建立自己的理论体系。在理论的深度与广度上都是集大成者，达到中国传统文化思想的历史高峰。王夫之美学是其整个理论体系中一个密不可分的有机组成部分，他以理性的精神对中国古典美学进行总结，其美学总结是古典美学集大成的重要结晶，有着深邃的文化视野、美学的历史总结，以辩证的方式深刻地阐述了审美规律，以诗论美学为主线总结传统美学的审美表现，深挖传统美学的基本命题与范畴研究，对审美心理的规律性进行探索，以朴素而直观的理论阐述浓缩着中国华夏民族独特的审美文化和抒情方式。现存大量的美学理论总结与文艺理论论著决定了王夫之美学在中国古典美学史上独特的贡献和历史地位，也为后人留下宝贵的财富。

三、艺术创作领域的实践创造

以王夫之美学思想指导艺术创作实践的具体路径：创造情景相融、在远近之间的艺术境界；创作中灵感出现在神理凑合的"俄顷"；取势要婉转屈伸以求尽其意。通过哲学—美学—画学的层层递进，以及画学—美学—哲学的不断升华，研究领域不断拓展。同时，明确提出与总结王夫之美学中的画学哲理，王夫之美学理论高度已经从哲学领域转化为艺术哲学境界中，如可以从王夫之气一元论中的缊缊之气、阴阳二气、天人合一探究王夫之的画学哲理。如同古代画学中强调"气韵生动""阴阳相生""贯通一气"，认为艺术传达的是"生气",是体现自然物象的精神和神动,如南齐谢赫《古画品录》提出六法,把"气韵生动"放在首位,推崇生命运动之"气"的节奏与韵律。

从本体论、创作论与审美论来看,首先王夫之从艺术创作本体上概括了构思阶段,是创作者进行艺术思维的主要任务和方法。其次,王夫之的画学哲理体现了王夫之崇尚自然的美学思想。即"身之所历,目之所见""内极才情,外周物理",也要求艺术传达时创造出一种"情景相融""在远近之间"的艺术境界。再次,对"以神理相取"进行美学解读,并提出艺术创作中"灵感"出现的某些特点。灵感出现在"神理凑合"的"俄顷",即客观与主观内在之情理最相契合的瞬间。最后,从画学而来的"势"到如何"取势",在王夫之美学中对此有着深刻解读,即意味着追求生动神似,使作品意象获得艺术生命力。取势乃是把握作品审美意象之间的意趣联系并实现艺术的升华,这是对艺术语言蕴藉性与艺术结构动态美的美学追求。

具体而言,王夫之美学对当代艺术创作的启示,可以分为以下四点。

(一) 现实主义的创作原则

王夫之对于艺术创作的原则强调生活实践性,认为现实生活是艺术创作的根本源泉,即"身之所历,目之所见,是铁门限"。王夫之一改历代美学家关注审美主体的创造因素、艺术构思、心理特征与表现方式的习惯,而是重视艺术创造的源泉所在,即自然生活对主体的影响。在张璪的"外师造化,中得心源"观点的基础上,深入探讨审美表现中主体与客体的关系,研究客观存在的美与主体反映出来的美,重视现实生活与自然是艺术创造的源泉,生活实践是创作的基础,从现实出发,"即景会心""即物达情",获取更多的生活素材才能对现实生活的认识更为深刻和真实,而非单单只有"感兴",否则艺术创作将成为虚幻的景象。

另外,王夫之又提出审美表现也非单一的认识活动,而是形象思维过程,需要主体产生心灵之神,"以神理相取""体物而得神",情景交融,才能充分表现艺术之美。因而王夫之基于辩证观点提出"内极才情,外周物理",对于主客体的关系提出现实主义美学原则,即对客观源泉的肯定和对主体能动性的强调。同时,王夫之也重视主体的主观能动性。王夫之美学中谈到宇宙万物是和谐的关系,人与社会、人与自然、人与人的关系中,人是一切联系的关键点，且具有自己独立的思考与思想，而王夫之美学中强调艺术的社会功能性与社会价值，美能够引起主客体关系相联系，从而能够推动作品、作者与欣赏者之间产生联系。因此人作为创作者或欣赏者，其审美意识的重要性得到体现。

(二) 阐明艺术中内含的审美心理

王夫之美学创新性引入审美心理研究，强调以人为中心的审美实践和创造，并将主客体相连，突出主体的能动作用，突出主体心理的形象思维与情感意识，拓宽传统美学研究的广度，系统而全面地研究审美心理的特点与规律，对其发生过程进行详细的阐述，认为人是"得天之最秀者"，具备了高级自觉的心理发展水平，因而才将"灵"体现在审美创造之上。审美心理体现在人们的社会意识和伦理道德意识，是审美意识对美的感受。王夫之认为审美心理有性情、气质、心性、才智、心物、神理、直觉、移情、想象、形神等心理意识，审美心理离不开审美意识，审美意识离不开视觉听觉感官对物象的感知以及心灵的观照，审美感知"形神物三相遇，而知觉乃发"。而审美心理观照则是在审美感知上通过艺术想象去实现对美的规律的认识，即"神则内周贯于五官，外泛应于万物，不可见闻之理无不烛焉"。王夫之还把现量引入审美心理讨论之中，揭示"直觉"这一特殊的审美心理现象，辩证的以心能化物，情能移景的心理特征，以心境染化物境，以情景深入意境，提出情景互生的境界。王夫之创前人之未创，提出了"情景互生"的深层心理和"以乐景生哀、以哀景生乐"的美学原则，主张审美认识是主客体相互作用、转化的过程，是审美对象引起的直觉、想象、灵感等心理意识与情感体验相连而形成的心理活动过程，是不断深化认识，不断发挥主观能动性的过程。

(三) 艺术创作中的审美表现

首先，审美表现是王夫之美学中对主客体情志结合、得意忘言关系最为直接的表述，"情景相入，涯际不分"便是王夫之所言的审美表现。在文艺作品中体现在以圜外之象、情景妙合、灵境之妙的神理相取，文质统一的胸中之情。王夫之对于审美表现的方式提出了"咫尺有万里之势"的张力以及借势以跨越有限、冲破表象、浑厚含蓄、绮丽美伦的特征。化实情为美，是审美表现的精髓，情之激荡并有多重力量游动、畅通之意境则是审美表现的追寻目标。

王夫之对境界的探究，以诗论美学为依托，结合其他艺术门类，将"境"看作创作者情感与艺术景象的统一，是情景互生、情中有景、景中有情、言外之意、象外境外的审美统一，是艺术创造中形象思维的形式与审美表现的结合体。王夫之营造了一个情景妙合无垠的意境，并产生"超以象外，得其圜中"之美。对于意境美学的本质，王夫之不似严羽、司空图所言的脱离现实生活，虚静纯粹而空灵的境界，而是追求虚实相化、情景相生关系下辩证的意境美学本质。虚情融实景，实景化虚情，情景"互藏其宅"，意境是主客体、心物间、情景中最为和谐的心境表现。王夫之所言的意境创造是客观之源，通志达情的表现，情志统一去表现世界，正如《唐诗评选》中所言"寄意在有无之间"去创造意境之美。达到"情、景、事合成一片，无不奇丽绝世"。

（四）审美实践的呈现

关于审美实践，王夫之在《楚辞通释》中言："内美，得天之美命"[1]，这是推崇"心"在美学体系中的重要地位。同时对形、神、物的关系进行探讨，也点名了审美实践需要的生理与心理条件、客观因素、审美感知等。重视情感因素，认为审美情感是审美实践中的活力因子，"天地万物之情，感于外则必动于内，故不感则已，一感则无有能静者。"[2]（《周易内传》）审美之情与自然之气在王夫之美学里是异质同构的，审美情感的体现也是呈现自然与人文、纯美与伦理相互交错的产物，是感知中理解与判断的能动性化合物，是审美实践最具有标志性的动态因素。审美实践也离不开审美想象，"借影脱胎，借写活色"中呈现出的审美想象，是化虚为实、将审美主体自由性与创造性发挥到极致的一种状态，也打通了现实逻辑和艺术逻辑，对象外之美有着明确的阐释。

与此同时，王夫之"现量"说在其美学领域产生的美学效应，是来自其理论文化、美学特征与美感追求、把握时代脉搏心系天下的情感寄托以及完善的审美体系。

"现量"说中最直接的理论土壤——灵感与直觉（审美感知），这也是王

---

[1] （明）王夫之. 船山全书（第十四册）[M]. 长沙：岳麓书社，2011：214.
[2] （明）王夫之. 船山全书（第一册）[M]. 长沙：岳麓书社，2011：278.

夫之美学中审美心理的组成部分。在形与神、感性与理性相结合之后，美的愉悦和开始产生超越普通思维形式和日常生活的自然神理与直觉体验，呈现出审美感兴的诉求，即"有感而皆应"。感知、美情与想象共同生成，审美感兴走向了至境之地，也成了王夫之直觉美学的特征之一，审美感知由"现在"出发，情感与想象顺着主客体相融合的"现成"之道，释放出形神俱齐的兴会之路，也促使审美实践拥有非同凡响的学术活力。

综上所述，王夫之美学是中国古代哲学朴素唯物主义与辩证法的代表，是理论抽象概括与逻辑辩证分析的结果，是对中国古典美学的历史总结与高度概括，是对传统美学众多范畴的系统阐释与广泛解读，是创前人之未创的理论见解，是中国古典美学高水平的批判与总结。他站在传统立场总结古典美学理论，立足传统本身革新与创新传统，虽然从时代发展的眼光而言，不乏历史局限性，但这也是历史发展的必然，其留下的美学文化遗产对于当下我们进行现代美学建设有重要的价值意义。

第二节 多元文化的良性发展

一、"诗画本一律"与多元文化的碰撞

尽管王夫之的美学思想主要集中于诗论著作中，但"诗画本一律"（苏轼题画诗），诗画同理，充满了灵动性与灵活性。诗与画两者虽表现形式相异，从深层次的本质上却具有共识性，精神有着共通性，诗学与画学也可以互参互见，对其的多方位研究，探索美学理论意义也就更显价值。

前文对王夫之众多美学命题的讨论都解释了诗画本一律的关键内涵，例如，"象外圜中"中强调的"内视觉"，生动揭示了"超以象外"与诗画合一的密切联系，也展露出"诗""画"相通的关键。长期以来关于"诗中有画，画中有诗"的落脚点都在诗，实际上是以"诗意"为旨归的理论倾向。东晋画家顾恺之曾言："每重嵇康四言诗，因为之图，恒云：'手挥五弦易，目送归鸿难。'"❶ 明人张岱亦曰："李青莲《静夜思》诗'举头望明

---

❶（唐）房玄龄，等．晋书·顾恺之传［M］．北京：中华书局，1974：2405．

月，低头思故乡'：思故乡有何可画？王摩诘《山路》诗'蓝田白石出，玉山红叶稀'尚可入画，'山路元无雨，空翠湿人衣则如何入画？'"❶ 以上言语均表明画的内涵被限制于"可画"与"不可画"的技术层面。然而，王夫之诗论著作中则以画论来论证诗歌中众多美学原理，并且谈到诗画之间在视觉感官上的相通性。诗歌以"内视觉"给人宛然在目之感，与"象"息息相关。即内视觉与视觉之间的异同关系，形象并非直接形之于目，要经过一个内在想象的过程，这便是诗的内视觉，也是"象"的内涵。由此可见，王夫之美学中"象外"说所谈到的"象外圜中"多次以画论作为论证，其实出发点便是基于"象"是内视觉的维度。可以说王夫之"象外圜中"的美学观点是古典美学中诗中有画的总结之论，并且进一步解释了"诗画本一律，天工与清新"论点的深层含义，对中国古典美学新释有着启示意义。

王夫之美学的探索过程，说明我们的古典美学思想与画学研究仍然有着广远的前景，王夫之美学研究中常能获取和感悟文化碰撞的多维效应，在异质文化上进行会通式范畴研究，利于学术意识和学术环境的积极对话，也利于坚定民族立场，体现中华优秀文化的高度自信，对于建构现代中国美学具有结构参照、原型参照与校正意义。

同时，王夫之美学是中国明清之交的文化产物，它不仅将中华民族生活与审美呈现在物化面貌的现实场域，还主导审美敞开，向多元化视域转变，达到至诚境界。王夫之美学基于对历史文化的通达感悟和个人见识，树立了一面特征鲜明的美学气质，在中国当代美学吸取古典精神、于中西汇通点上高扬文化品格和民族魅力，弘扬学术个性和美学之光有着积极的作用。

因此，王夫之美学思想研究领域的不断拓展，丰富了中国传统画学的研究范畴与范式。通过充分把握中国传统文化的互通性与特点，强化对传统文化的传承与发展，结合当代语境进行传统文化的创造性诠释与理解，充分把握传统文化的互通性与特点，增强现代思想的创造性诠释，增强多元文化之间的对话，促进文化的多元共存。

二、发挥船山美学的美育传播力

王夫之作为近代湘学的代表人物，以画论美学思想为基础，提出诗学原

---

❶ （明）张岱. 琅嬛文集 [M]. 长沙：岳麓书社，1985：152.

则与哲学观点，体现美育的重要性。2018年习总书记在给中央美术学院老教授的回信中提到新时代美育工作的方向，强调以大美之艺绘传世之作，弘扬中华美育精神。美育在于以美育人、培育审美态度、审美能力等。

从辩证的角度分析其与传统画论之间的联系，对构建王夫之绘画美学体系有着重要启示，有助于合理补充中国古典美学的研究内容。王夫之作为近代湘学的代表人物，已有将诗论与画学相结合的实例，以画论美学思想为基础，提出诗学原则与哲学观点，这也体现出美育的重要性。当下强调美育工作以及美育传播，强调以大美之艺绘传世之作。美育在于以美育人、以文化人、立德树人，培养审美能力，这也是湖湘文化绵延发展的一个重要方向，有利于弘扬中华美育精神。

从美育的角度具体而言，在明朝末年社会动荡时期，王夫之却能够敏锐地意识到艺术审美与审美教育的重要性，并通过分析研究，提出审美教育理论，认为审美教育可以"养其未有用之心为有用之图，则用之也大"。❶ 并且认为审美教育在育人方面能够给个人与社会带来间接的、长远的利益。如他谈道："见之功业者，虽广而短，存之人心风俗者，虽狭而长。"❷ "艺者进可资道之用。"❸ "若艺，则与道相为表里，而非因依仁而始有。"❹ "若夫道之所自著，德之所自考，深于其理，而吾心之与古人符，合古之人以发起吾心之生理，则必游于艺乎？"❺ 可见，王夫之主张道德与艺的教育不可分割，相互促进，需要同步进行。王夫之十分重视审美活动，并看到文化艺术作为人的精神生活方式，其对物质生活的依赖关系，并提出"余情"论，即"道生于余心，心生于余力，力生于余情。故于道而求有余，不如其有余情也。古之知道者，涵天下而余于己，乃以乐天下而不匮于道；奚事一束其心力，画于所事之中，敝敝以听夕哉？画焉则无余情矣，无余者，沾滞之情也"。诗歌是获取"余情"最好的方式，有"余情"才有"余力"，才有"余心"，有"余心"才能反映世界存在之"道"。

王夫之的美育观以人为本，认为美育的特征是"虽狭而长"，其美学思

---

❶ （明）王夫之. 船山全书（第十一册）[M]. 长沙：岳麓书社，2011：133.
❷ （明）王夫之. 船山全书（第十一册）[M]. 长沙：岳麓书社，2011：131.
❸ （明）王夫之. 船山全书（第七册）[M]. 长沙：岳麓书社，2011：453.
❹ （明）王夫之. 船山全书（第六册）[M]. 长沙：岳麓书社，2011：701.
❺ （明）王夫之. 船山全书（第七册）[M]. 长沙：岳麓书社，2011：484.

想对当代社会有参照意义，对现代指导美育工作有序开展具有一定的启示价值，对我们现代美育的改进和教育是具有深厚历史根基的思想财富。美育是推动社会进步的正面力量，正如美国美学家马尔库塞所言："艺术也将在物质改造和文化改造中成为一种生产力。"❶ 在当下，美育的研究与实践成为学术界的研究热点，美育作为素质教育的组成部分，美育的社会意义与对美育理论的全面认识与研究也是当下的重要任务。研究美育必不可少谈到美学理论，对于中国传统美学观念的深入探讨也至关重要。因此，王夫之美学与美育理论对我们现代美育建设有着重要的参考价值。

第三节 湘学的弘扬与应用

一、文化自信视域下王夫之美学的应用路径

对中国近代社会影响甚大的湖湘文化，其演进经历了一个由盛至衰再至盛的过程，而王夫之则是湖湘文化承上启下的关键人物。从先秦时期产生的楚文化至"屈贾情结"，再至近现代叱咤风云的湖湘英才，王夫之一直被视为近代湖湘文化发展的源头，他继承和发展了湖湘文化，呈现"大倡于湖湘，而遍之天下"的景象，也助力湖湘文化成为一种开放、多元具有地域文化、理学文化、红色文化等内容相汇聚的综合体。

从地域而言，湘学作为一种地域性学术传统，是传统儒学与宋明理学的重要组成部分，而明清之际的大思想家王夫之是中国传统哲学和文化的总结性人物，也被视为古代湘学到近代湘学过渡的关键性人物，也是近代湘学的代表人物，其美学思想蕴含了古典诗歌艺术与传统绘画艺术所共同追求的审美旨趣。湘学是传统儒学与宋明理学的重要组成部分，也是促进文化认同感的关键部分。

弘扬与传播中华优秀传统文化是当下文艺研究工作者的使命，王夫之美学思想的研究，利于弘扬船山学与湘学文化，促进湖湘文化与湘学重振的发展。

王夫之生于湖南，肄业于岳麓书院，受到湖湘文化与岳麓书院的文化影

---

❶ 朱立元. 现代西方美学史 [M]. 上海：上海文艺出版社，1993：1021.

响，推崇宋代湖湘学派大师胡宏与张栻的学术思想，并继承和发扬了湖湘文化的学术宗旨。因此，王夫之学术思想作为湘学研究与创新的重点，对其美学思想的多维度研究具有弘扬中华优秀传统文化的意义。对于王夫之美学思想的研究不仅仅是诗学领域，应该从多元的视角去分析，了解王夫之诗论所传达的美学意义与传统画学哲理哲思。同时结合古代传统画论思想，深化其美学理论的意蕴，完善王夫之美学体系以及构建现代美学。

研究王夫之思想既要关注其作为儒学、传统哲学的重要组成意义，更要通过注重兼容并蓄吸收多元文化营养，促进不同文化的相互交流与借鉴，把握湖湘学统的经世致用，关注其对当今时代和社会的资源意义，更好的实现中华民族伟大复兴。

二、湘学的弘扬与发展

王夫之的船山学说可以说是真正意义上的湖湘文化，是中国古代传统文化向近代过渡与转化的一个新契机。阐述王夫之美学在湖湘文化中所起的作用，对弘扬船山美学和发扬"惟楚有才"的湖湘文化之精华有着重要的现实意义。

王夫之上承中国古典美学之传统，下开近代湖湘文化通天人之故，在悠长的湘楚文化孕育中呈现诗性浪漫、大气磅礴、灵泛洒脱的湖湘文化基因，正如朱孝臧论其"字字楚骚心"，潘宗洛论其"庄骚尤流连往复"，其美学中审美态度的灵泛适性美、审美观照中的灵动洒脱美、审美意象创造时的灵性潇湘美均体现了湖湘文化基因。王夫之提出"唯意所适"的审美态度，即"内极才情，外周物理，言必有意，意必由衷，或雕或率，或丽或清，或放或敛，兼该驰骋，唯意所适"。这句话在前文中从才情与物理角度进行详解，在此处提出是针对王夫之所言的"唯意所适"的美学原则，在其众多论著中都提到"平适""气自清适""适然""妙在闲适""适然起上"，可见他对于"适性美"的提倡。"灵动美"则是在审美观照中体现出的"神理相取，在远近之间""神理凑合，自然恰得"。主体与客体有着一定的审美距离，以灵动、灵心、灵机去体现富有生活气息的实感和调动超越世俗具象的审美想象，捕捉到"言外之意"和"象外之旨"，从而创造洒脱的审美意境。

灵性潇湘美则体现在王夫之论著中具有潇湘文化特色的审美意象创造。王夫之曾自号"萧森天放湘累客"，在《楚辞通释·九昭》中言："有明王夫之,生于屈子之乡,而遭闵戳志,有过于屈者,聊作《九昭》,以旌三闾之志。"在《姜斋文集》中言:"唯湘有骚,不许他氏裔沂流而揖下也。"因而充满楚骚文化内涵的王夫之,其美学思想深涵湖湘文化意蕴。如他在《潇湘十景词》序中言:"此千五百里,毂波绣壁,枫岸荻洲,清绝之名,于斯楚矣。迹不胜探,视诸帆雁岚雪,悠悠无择地者,不犹贤乎。"《潇湘十景词》"日暮湘灵空鼓瑟,猿声偏向苍湾出""九岭参差无定影,泪竹阴森,迥合青溪冷""湘灵雁柱鼓湘川"等,体现出灵性十足、灵气盎然、灵气飘动、清幽悱恻的潇湘美感。

因此,王夫之美学中蕴含着湖湘文化基因,他吸收、继承、发展、阐释了古代传统文化思想,在对传统文化做出历史性总结与批判的同时完成了对中国传统文化与古典美学的梳理、吸收与转化,并构建了自成一派博大精深的思想体系,对中国传统文化的发展乃至哲学史、思想史与学术史而言都是一位重要人物。现当代学者对王夫之美学的研究需要兼容并蓄,湘学研究既要关注儒学、传统哲学,也要吸收多元文化营养,如西方主体间性美学思想,不断促进船山诗学、画学、哲学与不同文化的相互交流与借鉴。此外,传承湖湘学统的经世致用,关注其对当今时代和社会的资源意义,可以将其作为中国美学同世界美学对话的支点之一,为中国传统画学、古典美学与湖湘文化"走出去"提供良好契机。

另外,还需要把握王夫之美学中的文化认同感,王夫之是近代湘学的代表人物,湘学是传统儒学与宋明理学的重要组成部分,也是促进文化认同感的关键部分。王夫之美学反映了传统美学的价值观与思想内涵,我们对其中的精华进行继承,为当代社会发展与文化建设提供助力。

综上所述,王夫之是湖湘文化的重要代表人物之一,其学术成就为湖湘文化的发展增添了夺目的光彩。船山文化纵横中华上下几千年的历史文明,是中国传统文化在近代的转换,也成为研究中国传统文化的一个重要的理论来源,其学术思想至今仍有十分重要的历史借鉴意义和价值。

因此,王夫之学术思想作为湘学研究与创新的重点,对其美学思想的多维度研究具有弘扬中华优秀传统文化的意义,也为当代美学建设和社会文化建设提供了新思路和新方法。王夫之美学中融汇的古代画学之道,不仅对现代艺术创作的审美思想和精神主旨进行引导,更能传承与保护以国学湘学实地为核心的湖湘文化,发掘其对促进中华文化复兴有着借鉴意义。

结　语

　　王夫之作为明清之际杰出的思想家，在中国近古思想史上有着重要地位，其所建立的美学体系是中国古典美学的重要组成部分，在中国古典美学思想中占据重要地位。王夫之自题堂联："六经责我开生面，七尺从天乞活埋"，表明他对先贤传承下来的经典保持传承与创新的态度，也表明他愿意担负起华夏文明继往开来的历史责任，有着大义凛然的崇高气节。作为中国古典美学的总结者，其思想折射出明清之际的时代巨变，编注群经、总结传统、开启方向，其美学思想的广度与深度凸显着中国传统文化的精华，对建构与完善现代美学体系具有一定的借鉴意义。王夫之美学与其哲学理论密不可分，其美学观是其哲学思想在美学领域的延伸，因而其美学思想才如此深刻、富有独创性。他的美学思想虽以诗歌审美意象为中心，但诗画本一律，其蕴含了古典诗歌艺术与传统绘画艺术所共同追求的审美旨趣。

　　此外，王夫之所生活的时代处于中国资本主义萌芽的初期，中西方文化交流沟通发展以及新兴阶级对现实存有需求之时，王夫之美学表现出了与当时世界发展潮流相契合的现代旨意，甚至于他的独特视角不仅与后期的西方文艺理论相呼应，而且对当代美学建构也具有较为深刻的借鉴意义。

　　王夫之美学中的画学哲理与主体间性美学对比研究虽在古代文论与当代美学史界少有专著系统论及，但是对其的多方位研究也就更显价值，部分学者对于王夫之美学中的画学论点在诗学史论中的价值给予肯定，但未能从审美性和其他艺术门类相结合，探索其美学理论意义。本书的研究以王夫之美学的画学哲理、王夫之美学与主体间性美学之间的关系为主要研究对象，采用基础学理的致思维度，运用画学、诗学、美学、文艺学、理学等跨学科理论作为观察视角，通过哲学—诗学—美学—画学的层层递进分析，系统地研究王夫之美学思想的内涵与意蕴，分析王夫之美学思想中的传统画学哲理，以画学为主导，结合王夫之美学中蕴含的艺术创作本体论、创作论与审美论，研究其中的审美意象、审美认识、艺术关系、艺术表达以及艺术创作灵感等诸多问题，论析王夫之诗论思想中"神理"论、"象外"说、"情景"说、"现量"说等艺术观点与古代画学之道的内在联系，从而深化其诗学理论的意蕴，研究王夫之美学中现量思维、"情景相生""兴象""有无"等范畴与西方主体间性美学之间的关系，论述不同历史环境与文化体系的学者对于美学论题的理解，以"他山之石"挖掘王夫之美学理论的深刻内涵，探索其文化价值、美学意义，在中西文论"互为主体""互为他者"的同题对话与沟通中发现王夫之经典著作可贵的美学力量，发现中国古典美学更多的阐释可能性，并结合当下现状对湘学的传承与发展问题进行合理探究，对传统美学与湖湘文化多样性创新性发展提供理论支撑与应用路径，为研究中国传统绘画提供了丰富的理论基础，对构建现代美学具有重要意义。本书对于王夫之美学的多元化探索过程，也说明了我们的古典美学思想与画学研究仍然有着广远的前景。

参考文献

中文参考书目

[1] 萧萐父，许苏民. 王夫之［M］. 西安：陕西师范大学出版总社，2017.

[2] 萧萐父. 船山哲学引论［M］. 南昌：江西人民出版社，1993.

[3] 林安梧. 王船山人性史哲学之研究［M］. 台北：东大图书股份有限公司，1987.

[4] 邓辉. 王船山历史哲学研究［M］. 上海：上海人民出版社，2017.

[5] 湖南省社会科学院. 王船山学术思想讨论集［M］. 长沙：湖南人民出版社，1985.

[6] 萧驰. 抒情传统与中国思想——王夫之诗学发微［M］. 上海：上海古籍出版社，2003.

[7] 叶朗. 中国美学史大纲［M］. 上海：上海人民出版社，1985.

[8] 宇文所安. 中国文论英译与评论［M］. 王柏华，陶庆梅，译. 上海：上海社会科学出版社，2003.

[9] （明）王夫之. 船山全书（全十六册）［M］. 长沙：岳麓书社，2011.

[10] （明）王夫之. 王船山诗文集［M］. 北京：中华书局，2012.

[11] （唐）孔颖达. 周易正义（影印南宋官版）［M］. 北京：北京大学出版社，2017.

[12] 胡经之. 中国古典文艺学丛编（全三册）［M］. 北京：北京大学出版社，2001.

[13] 郭绍虞，王文生. 中国历代文论选（一卷本）［M］. 上海：上海古籍出版社，2001.

[14] 叶朗. 美学原理［M］. 北京：北京大学出版社，2009.

[15] （唐）刘禹锡. 刘禹锡集（上册）［M］. 北京：中华书局，1990.

[16] 陶水平. 船山诗学研究 [M]. 北京：中国社会科学出版社，2001.

[17] 王韶华. 中国古代"诗画一律"论 [M]. 北京：中国文史出版社，2013.

[18] 周积寅. 中国历代画论 [M]. 南京：江苏美术出版社，2013.

[19] （明）王夫之，戴鸿森笺注. 姜斋诗话 [M]. 北京：人民文学出版社，1981.

[20] （宋）张载. 张载集 [M]. 北京：中华书局，1978.

[21] 郑笠. 庄子美学与中国古代画论 [M]. 北京：商务印书馆，2012.

[22] （清）石涛. 苦瓜和尚画语录 [M]. 济南：山东画报出版社，2007.

[23] 王兴国. 船山学新论 [M]. 长沙：湖南人民出版社，2005.

[24] （汉）郑玄注，（唐）孔颖达等整理. 礼记正义 [M]. 北京：北京大学出版社，1999.

[25] 陈广忠译注. 淮南子 [M]. 北京：中华书局，2012.

[26] （晋）陆机，张少康集释. 文赋集释 [M]. 北京：人民文学出版社，2002.

[27] （梁）钟嵘，曹旭集注. 诗品集注 [M]. 上海：上海古籍出版社，2011.

[28] 周振甫. 文心雕龙今译 [M]. 北京：中华书局，2013.

[29] 张伯伟. 全唐五代诗格汇考 [M]. 南京：凤凰出版社，2002.

[30] 吴文治. 宋诗话全编（第九册）[M]. 南京：江苏古籍出版社，1998.

[31] （宋）方回. 瀛奎律髓汇评（中册）[M]. 上海：上海古籍出版社，2005.

[32] （明）谢榛，（清）王夫之. 四溟诗话、姜斋诗话 [M]. 北京：人民文学出版社，2006.

[33] （战国）庄子，方勇译注. 庄子 [M]. 北京：中华书局，2010.

[34] （清）何文焕. 历代诗话 [M]. 北京：中华书局，2004.

[35] （唐）司空图，郭绍虞集解. 诗品集解 [M]. 北京：人民文学出版社，2006.

[36] （宋）严羽，郭绍虞，校释. 沧浪诗话校释 [M]. 北京：人民文学出版社，1983.

[37] （明）陆时雍，李子广评注. 诗镜总论 [M]. 北京：中华书局，2014.

[38] 宗白华. 美学散步 [M]. 上海：上海人民出版社, 1981.

[39] 俞剑华. 中国古代画论类编 [M]. 北京：人民美术出版社, 1998.

[40] （明）王夫之. 明诗评选 [M]. 上海：上海古籍出版社, 2011.

[41] （清）王原祈等纂辑, 孙霞整理. 佩文斋书画谱 [M]. 北京：文物出版社, 2013.

[42] 黄简. 历代书法论文选 [M]. 上海：上海书画出版社, 2014.

[43] 陈洙龙. 山水论画诗类选 [M]. 北京：人民美术出版社, 2014.

[44] 俞剑华, 注译. 宣和画谱 [M]. 南京：江苏美术出版社, 2007.

[45] （清）笪重光, 吴思雷, 注. 画筌 [M]. 成都：四川人民出版社, 1982.

[46] （明）王夫之. 唐诗评选 [M]. 上海：上海古籍出版社, 2011.

[47] （明）王夫之. 古诗评选 [M]. 上海：上海古籍出版社, 2011.

[48] 吴企明. 诗画融通论 [M]. 北京：中华书局, 2018.

[49] 李壮鹰. 诗式校注 [M]. 济南：齐鲁书社, 1986.

[50] （明）金圣叹. 杜诗解（卷二）[M]. 上海：上海古籍出版社, 1984.

[51] 饶宗颐. 澄心论萃 [M]. 上海：上海文艺出版社, 1996.

[52] 陈涵之. 中国历代书论类编 [M]. 石家庄：河北美术出版社, 2016.

[53] 宗白华. 宗白华全集 [M]. 合肥：安徽教育出版社, 2008.

[54] 郑威. 董其昌年谱 [M]. 上海：上海书画出版社, 1989.

[55] （南朝·宋）沈约. 宋书 [M]. 北京：中华书局, 1974.

[56] （唐）杜牧. 樊川文集 [M]. 上海：上海古籍出版社, 1978.

[57] （宋）葛立方. 韵语阳秋 [M]. 上海：上海古籍出版社, 1979.

[58] （宋）胡仔, 廖德明校点. 苕溪渔隐丛话 [M]. 北京：人民文学出版社, 1981.

[59] 周维德. 全明诗话 [M]. 济南：齐鲁书社, 2005.

[60] 郭绍虞. 清诗话续编 [M]. 上海：上海古籍出版社, 1982.

[61] 杨松年. 王夫之诗论研究 [M]. 台北：文史哲出版社, 1986.

[62] 北京大学哲学系. 中国美学史资料选编 [M]. 北京：中华书局, 1980.

[63] （唐）张彦远, 田村, 解读. 解读《历代名画记》[M]. 合肥：黄山书社, 2011.

[64] 郑昶. 中国画学全史 [M]. 上海：上海书画出版社, 1985.

[65] 胡海,杨青芝.《文心雕龙》与文艺学[M].北京:人民出版社,2012.

[66] 崔海峰.王夫之诗学范畴论[M].北京:中国社会科学出版社,2006.

[67] (明)王夫之.张子正蒙注[M].北京:中华书局,1975.

[68] 陈传席.中国绘画美学史[M].北京:人民美术出版社,2017.

[69] 杨铸.中国古代绘画理论要旨[M].北京:昆仑出版社,2011.

[70] 杨春时.美学[M].北京:高等教育出版社,2004.

[71] [奥地利]埃德蒙德·胡塞尔.现象学的观念[M].倪梁康,译.北京:人民出版社,2007.

[72] [英]科林伍德.艺术原理[M].王至元,陈华中,译.北京:中国社会科学出版社,1985.

[73] 伍蠡甫,胡经之.西方文艺理论名著选编(下册)[M].北京:北京大学出版社,1986.

[74] [奥地利]埃德蒙德·胡塞尔.纯粹现象学通论[M].李幼燕,译.北京:商务印书馆,1992.

[75] [英]艾耶尔.语言、真理与逻辑[M].尹大贻,译.上海:上海译文出版社,2015.

[76] [奥地利]维特根斯坦.逻辑哲学论[M].贺绍甲,译.北京:商务印书馆,1996.

[77] 朱光潜,译.歌德谈话录[M].北京:人民文学出版社,1978.

[78] (晋)陆机,(梁)钟嵘,杨明,译注.文赋诗品译注[M].上海:上海古籍出版社,1999.

[79] (宋)叶梦得.石林诗话[M].北京:中华书局,1991.

[80] (宋)严羽.沧浪诗话[M].北京:中华书局,1985.

[81] [美]苏珊·朗格.艺术问题[M].滕守尧,朱疆源,译.北京:中国社会科学出版社,1983.

[82] [美]苏珊·朗格.情感与形式[M].刘大基,傅志强,译.北京:中国社会科学出版社,1986.

[83] 李泽厚.美的历程[M].天津:天津社会学院出版社,2001.

[84] 王子铭.现象学与美学反思[M].济南:齐鲁出版社,2005.

[85] [法]米盖尔·杜夫海纳.审美经验现象学[M].韩树站,译.北京:

文化艺术出版社，1992.

[86] 张少康，卢永璘．先秦两汉文论选［M］．北京：人民文学出版社，1996.

[87] （宋）黎靖德，王星贤点校．朱子语类［M］．北京：中华书局，1986.

[88] ［法］莫里斯·梅洛-庞蒂．知觉现象学［M］．姜志辉，译．北京：商务印书馆，2001.

[89] 朱光潜．诗论［M］．北京：生活·读书·新知三联书店，2014.

[90] 叶朗．胸中之竹［M］．合肥：安徽教育出版社，1998.

[91] ［德］马丁·海德格尔．存在与时间［M］．陈嘉映，王庆节，译．北京：生活·读书·新知三联书店，2014.

[92] ［德］汉斯·格奥尔格·伽达默尔．伽达默尔集［M］．邓安庆，译．上海：上海远东出版社，2003.

[93] ［法］亨利·柏格森．创造进化论［M］．肖聿，译．北京：华夏出版社，2000.

[94] ［美］鲁道夫·阿恩海姆．艺术与视知觉［M］．滕守尧，朱疆源，译．北京：中国社会科学出版社，1984.

[95] ［德］莱辛．拉奥孔［M］．朱光潜，译．北京：人民文学出版社，1979.

[96] 傅云龙，吴可．船山遗书［M］．北京：北京出版社，1999.

[97] ［德］汉斯·格奥尔格·伽达默尔．真理与方法（上卷）［M］．洪汉鼎，译．上海：上海译文出版社，1990.

[98] 朱立元．现代西方美学史［M］．上海：上海文艺出版社，1993.

[99] （清）刘献廷．广阳杂记（卷二）［M］．北京：中华书局，1957.

[100] 朱维铮，校注．梁启超论清学史二种［M］．上海：复旦大学出版社，1985.

[101] 冯友兰．中国哲学史新编（第一册）［M］．北京：人民出版社，1982.

[102] 张少康．中国文学理论批评史［M］．北京：北京大学出版社，2005.

[103] （唐）房玄龄，等．晋书·顾恺之传［M］．北京：中华书局，1974.

[104] （明）张岱．琅嬛文集［M］．长沙：岳麓书社，1985.

[105] ［美］马斯洛．存在心理学探索［M］．李文湉，译．昆明：云南人民

出版社，1987.

[106] 陈来．诠释与重建——王船山哲学精神［M］．北京：北京大学出版社，2004.

[107] 韩振华．王船山美学基础［M］．成都：巴蜀书社，2008.

[108] 吴海庆．船山美学思想研究［M］．郑州：河南人民出版社，2004.

[109] 谭承耕．船山诗论即创作研究［M］．长沙：湖南出版社，1992.

[110] 熊考核．王船山美学［M］．北京：中国文史出版社，1991.

[111] 叶朗．中国历代美学文库：清代卷［M］．北京：高等教育出版社，2003.

[112] 曾守仁．王夫之诗学理论重构——思文/幽明/天人之际的儒门诗教观［M］．台北：台大出版中心，2011.

[113] 龚显宗．诗话续探［M］．高雄：复文图书出版社，1989.

[114] 唐铁惠．世纪黄昏起飞的鹰——王船山美学思想研究［M］．武汉：长江文艺出版社，2004.

[115] ［英］特雷·伊格尔顿．二十世纪西方文学理论［M］．伍晓明，译．西安：陕西师范大学出版社，1987.

[116] ［美］刘若愚．中国的文学理论［M］．田守真，饶曙光，译．成都：四川人民出版社，1987.

[117] 朱迪光．王船山研究著作述要［M］．长沙：湖南大学出版社，2010.

[118] 张齐政．船山研究新视野［M］．北京：光明日报出版社，2015.

[119] 蔡尚思．王船山思想体系［M］．上海：上海人民出版社，2019.

[120] 船山学社．王船山研究参考资料［M］．长沙：船山学社，1982.

[121] 王子铭．现象学与美学反思［M］．济南：齐鲁出版社，2005.

[122] 李来源，林木．中国古代画论发展史实［M］．上海：上海人民美术出版社，1997.

[123] 郑午昌．中国画学全史［M］．上海：上海世纪出版社，2009.

[124] 中国画研究院．中国画研究［M］．北京：人民美术出版社，1983.

[125] ［德］埃德蒙特·胡塞尔．现象学［M］．李光荣，译．重庆：重庆出版社，2006.

[126] 北京大学古文献研究所．全宋诗［M］．北京：北京大学出版社，1991.

[127] 房列曙，木华．中国文化史纲［M］．北京：科学出版社，2001．

[128] 杨仁恺．中国书画［M］．上海：上海古籍出版社，2010．

[129] 王菊生．中国绘画学概论［M］．长沙：湖南美术出版社，1998．

[130] 阴法鲁，许树安．中国古代文化史［M］．北京：北京大学出版社，1996．

[131] ［美］罗伯特·索科拉夫斯基．现象学导论［M］．高秉江，张建华，译．武汉：武汉大学出版社，2009．

[132] 李金辉．多维视域内的现象学研究［M］．北京：人民出版社，2014．

[133] ［美］莱斯特·恩布里．现象学入门——反思性分析［M］．靳希平，水轭，译．北京：北京大学出版社，2007．

[134] 傅抱石．中国绘画变迁史纲［M］．上海：上海古籍出版社，1998．

[135] 郭因．中国绘画美学史稿［M］．北京：人民美术出版社，1981．

[136] 卢辅圣．中国书画全书［M］．上海：上海书画出版社，2009．

[137] （宋）黄休复，何韫若，等注．益州名画录［M］．成都：四川人民出版社，1982．

[138] 张岱，方克立．中国文化概论［M］．北京：北京师范大学出版社，2001．

[139] 米田水，译注．图画见闻志·画继［M］．长沙：湖南美术出版社，2004．

[140] 陈师曾．中国绘画史·诸家中国美术史著选汇［M］．长春：吉林美术出版社，1992．

[141] 徐邦达．中国绘画史图录［M］．上海：上海人民美术出版社，1984．

[142] 刘道广．中国艺术思想史纲［M］．南京：江苏美术出版社，2009．

[143] 于安澜．画史丛书［M］．上海：上海人民美术出版社，1982．

[144] 杨成寅．中国历代绘画理论评注：宋代卷［M］．武汉：湖北美术出版社，2009．

[145] 滕守尧．审美心理描述［M］．北京：中国社会科出版社，1985．

[146] 滕守尧．艺术社会学描述［M］．上海：上海人民出版社，1987．

[147] 潘运告．中国历代画论选（上下册）［M］．长沙：湖南美术出版社，1999．

[148] 潘运告．中国书画论丛书［M］．长沙：湖南美术出版社，1999．

[149] 单国强. 古书画史论集 [M]. 北京：紫禁城出版社，2001.

[150] 敏泽. 中国美学思想史 [M]. 长沙：湖南教育出版社，2004.

[151] 邵宏. 美术史的观念 [M]. 杭州：中国美术学院出版社，2003.

[152] 邵宏. 艺术史的意义 [M]. 长沙：湖南美术出版社，2001.

[153] 赵敦华. 西方哲学简史 [M]. 北京：北京大学出版社，2001.

[154] 童庆炳. 艺术创作与审美心理 [M]. 天津：百花文艺出版社，1999.

[155] [德] 席勒. 缪灵珠，译. 美育书简 [M]. 北京：中国文联出版公司，1984.

[156] （清）李道平. 周易集解篡疏 [M]. 北京：中华书局，1994.

[157] 沈善洪. 黄宗羲全集（全十二册）[M]. 杭州：浙江古籍出版社，2005.

[158] 侯外庐. 船山学案 [M]. 长沙：岳麓书社，1982.

[159] 张立文. 正学与开新——王船山哲学思想 [M]. 北京：人民出版社，2000.

[160] （清）孙星衍. 尚书今古文注疏 [M]. 北京：中华书局，2004.

[161] 陆复初. 王船山学案 [M]. 武汉：湖北人民出版社，1987.

[162] 葛兆光. 中国思想史（全三册）[M]. 上海：复旦大学出版社，2004.

[163] 杨伯峻. 春秋左传注（全四册）[M]. 北京：中华书局，1990.

[164] 邓潭洲. 王船山传论 [M]. 长沙：湖南人民出版社，1982.

[165] 陈来. 宋明理学 [M]. 上海：华东师范大学出版社，2004

[166] 程俊英，蒋见元. 诗经注析 [M]. 北京：中华书局，1991.

[167] [日] 小野泽精一，等. 气的思想 [M]. 上海：上海人民出版社，1991.

[168] 张岱年. 中国哲学大纲 [M]. 南京：江苏教育出版社，2005.

[169] 陈望衡. 中国古典美学史 [M]. 武汉：武汉大学出版社，2007.

[170] （清）孙希旦. 礼记集解（全三册）[M]. 北京：中华书局，1989.

[171] 朱光潜. 西方美学史 [M]. 北京：人民文学出版社，1979.

[172] 崔大华. 儒学引论 [M]. 北京：人民出版社，2001.

[173] 叶维廉. 中国诗学 [M]. 北京：人民文学出版社，2006.

[174] 杨伯峻. 论语译注 [M]. 北京：中华书局，1980.

[175] 李泽厚．美学三书［M］．天津：天津社会科学出版社，2003．

[176] 张岂之．儒学·理学·实学·新学［M］．西安：陕西人民教育出版社，1994．

[177] 沈善洪．黄宗羲全集（全十二册）［M］．杭州：浙江古籍出版社，2005．

[178] ［美］孙隆基．中国文化的深层结构［M］．桂林：广西师范大学出版社，2005．

[179] ［日］今道友信．东方的美学［M］．北京：生活·读书·新知三联书店，1991．

[180] （宋）朱熹．四书章句集注［M］．北京：中华书局，1983．

[181] 刘旭光．海德格尔与美学［M］．上海：上海三联书店，2004．

[182] 朱东润．中国文学批评史大纲［M］．上海：上海古籍出版社，2001．

[183] 张岱年．中国古典哲学概念范畴要论［M］．北京：中国社会科学出版社，1989．

[184] 嵇文甫．王船山史论选评［M］．北京：中华书局，1962．

[185] （清）郭庆藩．庄子集释（全三册）［M］．北京：中华书局，1984．

[186] 刘小枫．诗化哲学［M］．上海：华东师范大学出版社，2007．

[187] 冯天瑜．中华文化史（全三册）［M］．上海：上海人民出版社，2005．

[188] 嵇文甫．王船山学术论丛［M］．北京：中华书局，1962．

[189] （宋）程颢，程颐．二程集［M］．北京：中华书局，1981．

[190] 蒲震元．中国艺术境界论［M］．北京：北京大学出版社，1986．

[191] 梁漱溟．中国文化要义［M］．上海：上海人民出版社，2005．

[192] 梁启超．中国近三百年学术史［M］．上海：上海三联书店，2006．

[193] （明）王守仁．王阳明全集［M］．上海：上海古籍出版社，1992．

[194] 王小舒．中国审美文化史（元明清卷）［M］．济南：山东画报出版社，2000．

[195] 钱穆．中国学术思想史论丛（全八册）［M］．合肥：安徽教育出版社，2004．

[196] 刘方．中国美学的基本精神及其现代意义［M］．成都：巴蜀书社，2003．

[197] 牟宗三. 中国哲学的特质 [M]. 上海: 上海古籍出版社, 2007.

[198] 许冠三. 王船山的致知论 [M]. 香港: 中文大学出版社, 1981.

[199] 曾昭旭. 王船山哲学 [M]. 台北: 远景出版事业公司, 1983.

[200] 方克. 王船山辩证法思想研究 [M]. 长沙: 湖南人民出版社, 1984.

[201] 黄明同, 吕锡琛. 王船山历史观与史论研究 [M]. 长沙: 湖南人民出版社, 1986.

[202] 张立文. 气 [M]. 北京: 中国人民大学出版社, 1990.

[203] 张立文. 理 [M]. 北京: 中国人民大学出版社, 1991.

[204] 桂胜. 周秦势论研究 [M]. 武汉: 武汉大学出版社, 2000.

[205] 潘运告, 编译. 清代画论 [M]. 长沙: 湖南美术出版社, 2003.

[206] 杨立华. 气本与神化: 张载哲学述论 [M]. 北京: 北京大学出版社, 2003.

[207] 刘梁剑. 天·人·际: 对王船山的形而上学阐明 [M]. 上海: 上海人民出版社, 2007.

[208] 毛万宝, 黄君. 中国古代书论类编 [M]. 合肥: 安徽教育出版社, 2009.

[209] 张齐政, 刘辰. 王船山研究拾遗 [M]. 长沙: 中南大学出版社, 2014.

[210] 郗秋丽. 中国古代哲学的总结者: 王夫之 [M]. 长春: 吉林文史出版社, 2014.

[211] 谭明冉. 王夫之庄学研究: 以《庄子解》为中心 [M]. 济南: 山东人民出版社, 2017.

外文参考书目

[1] [韩] 赵成千. 王夫之诗学的研究 [M]. 首尔: 高丽大学, 2003.

[2] [韩] 李圭成. 生成的哲学: 王船山 [M]. 首尔: 梨花女子大学出版部, 2001.

[3] [韩] 金珍根. 气哲学的集大成: 王夫之的周易哲学 [M]. 首尔: 艺文书院, 1996.

[4] [韩] 千炳俊. 王夫之的内在气哲学 [M]. 首尔: 韩国学术情

报，2006.

[5] [韩] 赵成千. 王夫之诗歌思想与艺术论 [M]. 首尔：亦乐，2008.

[6] [韩] 安载皓. 王夫之哲学——宋明儒学的总结 [M]. 首尔：文史哲，2011.

中文期刊

[1] 冯友兰. 王夫之的唯物主义哲学和辩证法思想 [J]. 北京大学学报（人文科学版），1961（3）：21-28.

[2] 崔海峰. 王夫之诗学中的"兴会"说 [J]. 文艺研究，2000（5）：45-51.

[3] 杨家友. 船山诗学的"势"论 [J]. 船山学刊，2003（1）：22-25，38.

[4] 王思焜. 试析王夫之诗论与古代画论之关系 [J]. 文艺理论研究，2005（1）：28.

[5] 王思焜. 王夫之艺术概括论简评 [J]. 贵州师范大学学报（社会科学版），2002（1）：78.

[6] 陶水平. 王夫之诗学"一意""一笔"论新识 [J]. 上饶师范学院学报，2000（4）：52.

[7] 杨春时. 本体论的主体间性与美学建构 [J]. 厦门大学学报（哲学社会科学版），2006（2）：5.

[8] 陈士部. 西方主体间性理论的美学向度与中国经验 [J]. 淮北师范大学学报（哲学社会科学版），2013，34（5）：33.

[9] 杨春时. 从实践美学的主体性到后实践美学的主体间性 [J]. 厦门大学学报（哲学社会科学版），2002（5）：26.

[10] [美] A.H. 布莱克，王培华，译. 我为什么要研究王夫之的哲学 [J]. 船山学刊，1996（1）：2.

[11] 陈娟. 论叶朗对王夫之诗学意象思想的阐释 [J]. 船山学刊，2022（5）：52-62.

[12] 叶朗. 王夫之的美学体系 [J]. 北京大学学报（哲学社会科学版），1985（2）：3-17.

[13] 曾玲先.船山诗学的意境论[J].衡阳师范学院学报（社会科学版），2003（4）：71-75.

[14] 于琮,苏保华.论王船山的诗教意象观——以吟咏立象和身体审美为视域[J].湖南科技大学学报（社会科学版），2020，23（6）：137-145.

[15] 孙振玉.论王夫之审美意象说与老子美学境界[J].石油大学学报（社会科学版），2005（5）：80-85.

[16] 夏建军.略论王夫之诗歌美学思想的意象论[J].常熟理工学院学报，2009，23（3）：74-77.

[17] 范和生.王夫之对唐人"意境"理论的继承和发展[J].安徽大学学报，1996（3）：65-70，57.

[18] 吴琪.王夫之美学的审美意象理论[J].美与时代（下旬），2013（11）：36-38.

[19] 陶水平.王夫之诗学"象外"论的美学阐释[J].东方论坛（青岛大学学报），2001（1）：40-47.

[20] 崔海峰.王夫之诗学中的意境论[J].辽宁大学学报（哲学社会科学版），2005（1）：65-69.

[21] 张传友.中国意境论的消解——从王夫之、布颜图到王国维[J].青岛科技大学学报（社会科学版），2007（1）：93-98.

[22] 阳晓儒.情景说和艺术符号论——王夫之和苏珊·朗格的审美意象论[J].辽宁大学学报（哲学社会科学版），1992（4）：20-23，19.

[23] 张长青.谈王船山诗论中的势范畴[J].船山学报，1987（1）：66-70，95.

[24] 杨宁宁."象外圜中"：诗画虚实的互通——兼及"诗中有画"论再反思[J].中华文化论坛，2020（5）：76-84，156-157.

[25] 杨宁宁,文爽.王船山"以意为主"说考辨[J].海南师范大学学报（社会科学版），2014，27（4）：81-86.

[26] 胡国梁,刘超.从主体性走向主体间性——室内空间设计背后的美学演变[J].理论与创作，2010（4）：115-117.

[27] 冯炜.当代公共艺术的美学通路：从主体间性走向人类命运共同体[J].艺术设计研究，2022（3）：113-118.

[28] 王朝闻. 取势得意 [J]. 美术观察, 2002 (10): 48-49.

[29] 李中华. 船山诗论中的艺术原则 [J]. 船山学报, 1984 (1): 97-109.

[30] 张晶. 王夫之诗歌美学中的"势"论 [J]. 北方论丛, 2000 (1): 118-122.

[31] 张晶. 论王夫之诗歌美学中的"神理"说 [J]. 文艺研究, 2000 (5): 38-44.

[32] 张磊. 论王夫之诗评中的"势" [J]. 唐山师范学院学报, 2004 (4): 7-9.

[33] 刘硕伟. 王夫之诗论中的"势"论 [J]. 船山学刊, 2017 (6): 46-50.

[34] 陈望衡. 中国古典美学的总结——王夫之美学思想摭论 [J]. 船山学刊, 1997 (1): 1-8, 13.

[35] 袁愈宗, 刘湘萍. "势者, 意中之神理也"——王夫之"势"论新解 [J]. 中国文学研究, 2014 (4): 74-77.

[36] 李相勋. 韩国学者的船山学研究 [J]. 衡阳师范学院学报, 2017, 38 (1): 21-25.

[37] 王思焜. "一笔草书"与王夫之诗论 [J]. 江苏教育学院学报（社会科学版）, 2001 (5): 64-66.

[38] 王学强. 论王夫之画论中的士大夫意识 [J]. 中国书画, 2020 (2): 22-25.

[39] 柳正昌. 王夫之美学思想对建构现代中国美学的意义 [J]. 郑州大学学报（哲学社会科学版）, 1993 (4): 90-95.

[40] 石朝辉. 论形—神与形·神结构方式及其美学意义 [J]. 美育学刊, 2017, 8 (1): 25-30.

[41] 陈望衡. 王夫之情感诗学与近现代西方美学 [J]. 船山学刊, 2003 (3): 10-14.

[42] 李耀建. 王夫之与现代阐释学、接受美学 [J]. 湖南科技大学学报（社会科学版）, 1989 (1): 34-40.

[43] 刘原池. 从"诗道性情"析论王夫之对"兴观群怨"说的再诠释 [J]. 诗经研究丛刊, 2007 (1): 208-228.

[44] 吴海庆. 王夫之现量说美学的阐释学解读 [J]. 山东大学学报（哲学

社会科学版)，2000（3）：19-23.

[45] 谭洪刚．船山美学的发掘与垂直接受 [J]．船山学刊，2007（2）：21-23.

[46] 吴海庆．伽达默尔与杜夫海纳关于审美存在的时间性观念 [J]．河南师范大学学报（哲学社会科学版），2001（1）：31-34.

[47] 石朝辉．台湾地区王船山诗学思想研究述要 [J]．船山学刊，2019，121（3）：105-112.

[48] 谷鹏飞，陈皓钰．身历目见乃诗文之铁门限——评王夫之身历目见的美学思想 [J]．船山学刊，2016（6）：20-23.

[49] 李晓萍．王船山以"意"论诗的三重蕴涵 [J]．船山学刊，2020，130（6）：45-51.

[50] 彭吉象．悟：中国传统艺术的直觉思维——直寻妙悟 [J]．美术大观，2017，356（8）：51-55.

[51] 程兴丽．王船山《尚书稗疏》解经思想管窥 [J]．古籍整理研究学刊，2022，215（1）：31-39.

[52] 郑熊．从"实在"到"实有"——王夫之对张载"诚"说的继承与发展 [J]．船山学刊，2021，134（4）：28-38.

[53] 康宇．试论王夫之经典诠释的思想与实践 [J]．中南大学学报（社会科学版），2021，27（1）：35-42.

[54] 陈莉．意境理论中"情""景"内涵的特殊性——船山的情景论及其对构建意境理论的启示 [J]．湖南师范大学社会科学学报，2022，51（6）：110-115.

[55] 杨宁宁．"即事生情"与"事之景"——船山诗学中的事件形态 [J]．中国诗歌研究，2021（2）：192-207.

[56] 朱锋刚．中西哲学对话中的认知、方法与立场——以王船山论利玛窦为例 [J]．船山学刊，2021，136（6）：18-28.

会议论文与论文集

[1] 陈士部．论现象学视域中的王夫之"现量"说 [C]．中国古代文学理论学会第十八届年会暨国际学术研讨会论文集，2013：698-702.

[2] 朱迪光．新时期船山文学研究之得失及其展望［C］．船山学社、湖南省船山学研究基地、衡阳师范学院船山研究中心．2008年湖南省船山学研讨会船山研究论文集，2008：8．

[3] 任美衡．近十年王船山研究概观及反思［C］．船山学社、湖南省船山学研究基地、衡阳师范学院船山研究中心．2008年湖南省船山学研讨会船山研究论文集，2008：5．

[4] 崔海峰．从王夫之看"以诗解诗"的美学原则［C］．中国古代文学理论学会．古代文学理论研究（第二十八辑）——中国文论的道与艺，2003：12．

[5] 范军．王夫之文艺美学思想中的有机整体观［C］．广西师范大学中文系、广西师范大学中国语言文学研究所．东方丛刊（1995年第2辑总第十二辑），1995：14．

硕博学位论文

[1] 韩振华．王船山美学基础——以身体观和诠释学为进路的考察［D］．上海：复旦大学，2007．

[2] 陈西．王夫之美学思想研究［D］．西安：西北大学，2009．

[3] 裴鼎鼎．王夫之意象理论探微［D］．石家庄：河北师范大学，2004．

[4] 彭智．王船山势论美学思想研究［D］．南京：东南大学，2021．

[5] 何月燕．王夫之中古诗论研究［D］．广州：暨南大学，2017．

[6] 张芳．王夫之审美存在论思想研究［D］．西安：西北大学，2008．

[7] 袁愈宗．《诗广传》诗学思想研究［D］．济南：山东师范大学，2006．

[8] 高梦娇．从存在论的角度看王船山的有无之辨［D］．武汉：华中师范大学，2013．

[9] 李峰．论灵感思维与中国画创作的诗性追求［D］．金华：浙江师范大学，2008．

[10] 王汝华．阴与阳和，气与身和：王船山易学本体论之和合观［D］．台南：台南科技大学，2007．

[11] 李钟武．王夫之诗学范畴研究［D］．上海：复旦大学，2003．

[12] 张震．道器之际：王船山的"象"哲学思想研究［D］．南京：东南大

学，2017.
[13] 张羽．船山诗论"乐"范畴的美学研究［D］．贵阳：贵州大学，2020.
[14] 姜彦章．船山诗学三论［D］．南京：南京师范大学，2015.
[15] 陈勇．王夫之诗学考论［D］．桂林：广西师范大学，2017.
[16] 杨阳．英语世界王夫之诗论的译介与影响研究［D］．济南：山东大学，2022.
[17] 张文通．海德格尔的主体间性美学思想［D］．厦门：厦门大学，2006.
[18] 王志华．王船山气学思想研究［D］．长沙：湖南大学，2021.
[19] 李一鸣．诗际幽明：王船山诗学研究［D］．海口：海南师范大学，2019.
[20] 章启辉．王夫之的《四书》研究及其早期启蒙思想［D］．北京：中国社会科学院研究生院，2002.